嵌入式技术与应用丛书

嵌入式Linux 接口开发技术

邓宽 陈正宇 张玉 曹珂 编著
林新华 梁庚 主审

电子工业出版社
Publishing House of Electronics Industry
北京·BEIJING

内 容 简 介

本书主要介绍嵌入式 Linux 接口开发技术，首先介绍 Linux 的基础知识、嵌入式 Linux C 的开发基础和 Linux 系统的文件操作，然后在此基础上详细介绍嵌入式系统常用接口的编程，最后通过一个完整的案例开发来介绍嵌入式系统的综合设计。对于每种接口，本书先介绍其原理，然后通过典型的外设来介绍嵌入式 Linux 的接口编程。在编程过程中采用示波器和逻辑分析仪来进行验证，通过形象化的手段来提高读者的动手能力，加深读者对本书知识点的理解。

本书适合嵌入式 Linux 设备驱动程序、应用程序的开发工程师，以及 ARM 嵌入式系统的设计工程师阅读，也可作为高等院校相关专业的教材或教学参考书。

图书在版编目（CIP）数据

嵌入式 Linux 接口开发技术 / 邓宽等编著. —北京：电子工业出版社，2021.5

（嵌入式技术与应用丛书）

ISBN 978-7-121-41037-6

Ⅰ．①嵌…　Ⅱ．①邓…　Ⅲ．①Linux 操作系统　Ⅳ．①TP316.85

中国版本图书馆 CIP 数据核字（2021）第 071448 号

责任编辑：田宏峰

印　　刷：北京盛通商印快线网络科技有限公司

装　　订：北京盛通商印快线网络科技有限公司

出版发行：电子工业出版社

　　　　　北京市海淀区万寿路 173 信箱　邮编　100036

开　　本：787×1 092　1/16　印张：15.25　字数：390 千字

版　　次：2021 年 5 月第 1 版

印　　次：2021 年 12 月第 3 次印刷

定　　价：79.00 元

凡所购买电子工业出版社图书有缺损问题，请向购买书店调换。若书店售缺，请与本社发行部联系，联系及邮购电话：（010）88254888，88258888。

质量投诉请发邮件至 zlts@phei.com.cn，盗版侵权举报请发邮件至 dbqq@phei.com.cn。

本书咨询联系方式：tianhf@phei.com.cn。

前　言

写作背景

由于 Linux 具有开源、资源占用少等特点，在服务器、智能终端和嵌入式系统中大有用武之地。与传统 PC 程序的开发不同，嵌入式系统的开发涉及软件和硬件两个方面，是一个协同工作的过程。目前，在嵌入式系统的硬件和软件中，应用比较广泛的是 ARM 体系结构的微处理器和 Linux 系统。本书是基于 ARM 体系结构的微处理器和 Linux 编写的。

在进行嵌入式 Linux C 开发时，需要开发者熟练掌握 C 语言、电子电路分析、通信协议以及驱动程序开发等知识。在多年的科研和教学过程中，作者发现：

（1）部分学生对常用电子仪器设备的使用方法掌握得不熟练。

（2）部分学生在学习器件接口的原理后，仅仅停留在理论学习的阶段，面对实际的器件却无从下手，无法将理论和实践联系起来，不具备解决实际问题的能力。

（3）部分学生没有掌握良好的编程技巧和程序分层设计的思想，导致程序的可读性和可移植性较差。

（4）目前市面上一些嵌入式开发板的外设不丰富，不利于学生进行实践。

面对上述问题，本书从嵌入式系统的开发基础入手，详细介绍了 GPIO 接口、PWM、UART 串口、I2C 总线和 SPI 总线的原理以及实现方法，并以此为基础介绍了常用外设的使用方法。本书通过理论叙述和编程实践相结合的方式，帮助读者深入理解嵌入式系统常用接口的原理和开发。另外，本书结合具体的实例，详细介绍了示波器和逻辑分析仪的使用方法，可帮助读者掌握这些电子仪器设备的使用方法。

本书专门设计了配套的嵌入式开发板，该开发板包含丰富的外设，可帮助读者掌握相关的知识。另外，本书配套的嵌入式开发板保留了通用协议的接口，可进一步扩展外设。本书提供了书中所有实例的代码，代码分为 bsp、driver 和 application 三层，分别对应通信协议代码、外设驱动代码和应用程序代码。这种分层的代码结构，不仅可读性高，易于读者理解，在更换嵌入式开发板或开发环境时，还具有很高的移植性。

内容框架

本书从 Linux 的开发基础讲起，详细介绍了嵌入式 Linux 接口开发技术。第 1~3 章是 Linux 的入门知识；第 4 章介绍了本书所用的嵌入式开发板，包括安装系统、调试方法等；第 5~8 章介绍了各种接口的开发，在介绍接口通信协议的基础上给出了简单的编程实例；第 9 章介绍了嵌入式系统的综合设计，通过一个完整的案例开发，帮助读者学习和掌握嵌入式系统的开发方法。

读者对象

本书主要介绍嵌入式 Linux 接口开发技术，读者应当具备 C 语言和电子电路的基础知识。本书主要面向嵌入式 Linux 设备驱动程序、应用程序的开发工程师，以及 ARM 嵌入式系统的设计工程师。

勘误和支持

由于作者的水平有限，书中难免会有错误或不足之处，恳请读者批评指正。作者将本书配套的源代码、电路图、模块使用手册等资料上传到了 GitHub，访问地址为 https://github.com/dengkuanchina/book-Embedded-System-Linux-C。欢迎读者在 GitHub 提交 Issues 留言，与作者沟通。

致谢

本书既是江苏省高等教育教改研究立项课题（2019JSJG622）和南京市级高等教育人才培养创新基地项目建设成果，也是作者所在单位与南京优奈特信息科技有限公司（苏嵌教育）开展校企合作人才培养的成果。在本书的编写过程中，董振华、黄苗玉、田晨林、朱连杰、毛汝勇、吴振、徐栋、孔祥宇等老师和学生给予了热情支持，并提出了很多宝贵意见；本书的出版得到了电子工业出版社的大力支持，在此表示衷心的感谢。

作　者
2021 年 2 月

目　　录

第1章
Linux 基础

1.1 Linux 简介

1.1.1 Linux 的发展

万物的发展都有根源，Linux 也不例外。

贝尔实验室的肯·汤普森（Ken Thompson）在研发 Multics 时写了一个游戏。当他退出 Multics 的研发后还希望继续运行这个游戏，于是他花了一个多月的时间写了一个小型的操作系统来运行这个游戏。但是，人们对肯·汤普森的游戏不感兴趣，反而对他编写的小型操作系统很感兴趣，这个小型的操作系统就是 UNIX 的前身。

由于 UNIX 的授权费用昂贵，当时很多大学不得不停止对它的研究。1987 年，荷兰的安德鲁（Andrew S. Tanenbaum）教授写了一个兼容 UNIX 的 Minix，专用于教学。当 Minix 流传开来之后，世界各地的计算机爱好者纷纷开始使用并改进它，希望把改进的东西合并到 Minix 中。

1991 年，有一个名为李纳斯·托瓦兹（Linus Torvalds）的芬兰大学生在互联网上公布了自己写的 Linux 内核，并发布了一个帖子说，我写了一个操作系统的内核，但还不够完善，你们能以任何方式使用而不收费，也可以帮助我一起修改这个内核。这个帖子发出后引起了强烈的反响，在众多计算机爱好者的共同努力下，Linux 1.0 于 1994 年正式发布。随后 Linux（其标志见图 1.1）便进入了如火如荼的发展阶段。

Linux 和 UNIX 的最大区别是，前者是重要的开源软件，后者是对源代码实行知识产权保护的商业闭源软件。

图 1.1　Linux 的标志

1.1.2 常见的 Linux 发行版

如果读者在互联网上搜索 "Linux 下载"，则可以得到几十万个搜索结果。浏览搜索结果时会发现，找到的大部分是诸如 "Ubuntu 下载" "CentOS 下载" 之类的条目。没接触过 Linux

的读者可能会感到奇怪，明明搜索的是"Linux 下载"，为什么会得到这些搜索结果呢？

要解释这个问题，就要从 Linux 内核和 Linux 发行版之间的关系说起了。Linux 内核是指提供硬件抽象层、硬盘和文件系统控制，以及多任务功能的操作系统核心程序，而 Linux 发行版是指我们常说的 Linux 操作系统（简称 Linux 系统），是由 Linux 内核与各种常用的软件构成的。

Linux 发行版可以大体分为两类，一类是由商业公司维护的发行版，另一类是由社区维护的发行版。前者以著名的 RedHat 系列为代表，后者以 Debian 系列为代表。RedHat 系列主要包括 RHEL、CentOS 和 Fedora，RHEL 和 CentOS 的稳定性非常好，适合服务器使用；Fedora 的稳定性较差，适合桌面应用。Debian 系列主要包括 Debian 和 Ubuntu 等。Debian 是社区类 Linux 发行版的典范，是迄今为止最遵循 GNU 规范的 Linux 发行版；Ubuntu 是桌面版本，依靠其快速的启动、高速的在线升级、良好的易用性，拥有了众多的用户，而且它对硬件的支持非常全面，是最适合桌面应用的 Linux 发行版。

Linux 发行版如表 1.1 所示。

表 1.1　Linux 发行版

Linux 发行版名称	标　志
RedHat Enterprise Linux	
CentOS（Community Enterprise Operating System）	
Fedora	
Debian	
Ubuntu	

本书使用的 Linux 发行版为 Ubuntu 16.04 LTS，读者可以安装相同或更新版本的 Ubuntu。需要注意的是，不同版本的 Ubuntu 界面略有不同。

1.1.3　Linux 系统的下载

从网络上下载 Linux 系统主要有两种方法：官网下载和国内镜像网站下载。打开 Ubuntu 官网的网址（www.ubuntu.com），在下载专区选择合适的版本后，可得到相应版本的 ISO 镜像文件。本书使用的镜像文件是 ubuntu-16.04.5-desktop-amd64.iso。镜像网站是一个放置开源系统镜像文件的站点，其作用是免费下载镜像文件下载，下载后既可以刻盘后安装，也可以直接通过虚拟光驱安装。常用的国内镜像网站包括网易镜像（http://mirrors.163.com）和阿里云镜像（http://mirrors.aliyun.com）。国内镜像网站的下载速度通常比官网的下载速度快。

1.2　在虚拟机上安装 Linux 系统

1.2.1　什么是虚拟机

虚拟机是指通过软件模拟的具有完整硬件系统功能、能运行在一个完全隔离环境中的完整计算机系统。进入虚拟机后，所有操作都是在这个独立的虚拟空间中进行的，不会对虚拟机所在的主机系统产生任何影响，而且能够在主机系统与虚拟镜像之间灵活切换。

Linux 系统对硬件设备的要求很低，读者学习本书时可以在虚拟机上安装 Linux 系统，并在虚拟机中进行操作。虚拟机还支持实时快照、虚拟网络、拖曳文件等方便实用的功能，方便读者操作。

目前，主流的虚拟机有 Virtual Box、Microsoft Hyper-V 和 VMware Workstation 等。VMware Workstation 的兼容性好、CPU 占用率低，可以同时运行 Linux、Dos、Windows、UNIX 等操作系统。另外，利用 VMware Workstation 虚拟机可以实现多操作系统平台，与直接搭建多个操作系统平台相比，将给用户带来经济上的实惠和使用上的诸多便利。

本书以 VMware Workstation 15.5 为例，讲解虚拟机的安装和 Linux 虚拟机的创建。读者也可以使用其他虚拟机软件。

1.2.2　VMware Workstation 虚拟机的配置

VMware Workstation 虚拟机的安装比较简单，在同意用户许可协议的基础上，可以使用默认的配置进行安装。VMware Workstation 虚拟机是收费软件，需要购买许可密钥，输入许可证密钥才能长期使用。VMware Workstation 虚拟机安装完成后，双击桌面上生成的 VMware Workstation 虚拟机快捷图标，可打开 VMware Workstation 虚拟机的管理界面，如图 1.2 所示。

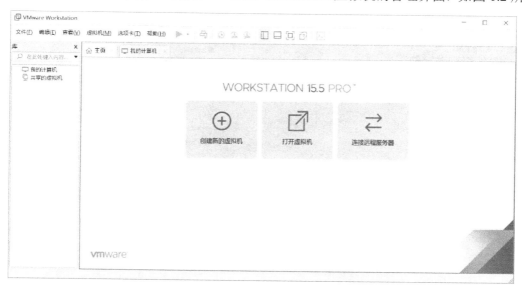

图 1.2　VMware Workstation 虚拟机的管理界面

安装 VMware Workstation 虚拟机后，并不能立即安装 Linux 系统，还要在 VMware Workstation 虚拟机中设置操作系统的硬件标准。

在 VMware Workstation 虚拟机的管理界面中，单击"创建新的虚拟机"选项，可进入如图 1.3 所示的欢迎使用新建虚拟机向导界面。

在该界面中选择"典型（推荐）"，单击"下一步"按钮，可进入如图 1.4 所示的安装客户机操作系统界面。

图 1.3　欢迎使用新建虚拟机向导界面　　　　图 1.4　安装客户机操作系统界面

在该界面中选中"稍后安装操作系统"，单击"下一步"按钮可进入如图 1.5 所示的选择客户机操作系统界面。

在该界面中选择"Linux"，版本选择为"Ubuntu 64 位"，单击"下一步"按钮可进入如图 1.6 所示的命名虚拟机界面。

图 1.5　选择客户机操作系统界面　　　　　　图 1.6　命名虚拟机界面

在该界面的"虚拟机名称"处输入"Ubuntu 64 位"，选择安装位置后，单击"下一步"按钮可进入如图 1.7 所示的指定磁盘容量界面。

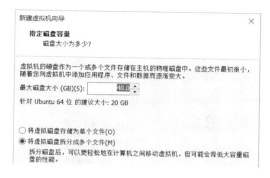

图 1.7　指定磁盘容量界面

在该界面中，默认的"最大磁盘大小（GB）"是 20，将其修改为 40.0，选中"将虚拟磁盘拆分成多个文件"后单击"下一步"按钮，可进入如图 1.8 所示的已准备好创建虚拟机界面。

图 1.8　已准备好创建虚拟机界面

在该界面中单击"自定义硬件"按钮，可进入硬件界面。在该界面中，选中"内存"后可在右侧"内存"栏中设置内存参数，这里设置为 2 GB，最低不应低于 1 GB，如图 1.9 所示。

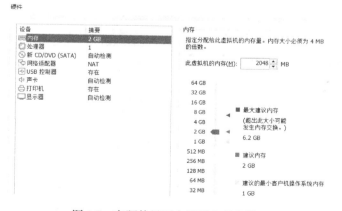

图 1.9　在硬件界面中设置内存参数

在硬件界面中，选中"处理器"后可在右侧"处理器"栏中设置处理器参数，可根据计算机 CPU 的实际情况选择合适处理器的数量，以及每个处理器的内核数量，并开启虚拟化功能，如图 1.10 所示。

图 1.10　在硬件界面中设置处理器参数

在硬件界面中，选中"新 CD/DVD（SATA）"后，可在右侧"设备状态"栏中勾选"启动时连接"，在右侧的"连接"中选择"使用 ISO 映像文件"，并选择下载好 Ubuntu16.04 系统镜像文件，如图 1.11 所示。

图 1.11　在硬件界面中设置新 CD/DVD（SATA）参数

在硬件界面中，选中"网络适配器"后，可在右侧"设备状态"栏中勾选"启动时连接"，在右侧的"网络连接"中选择"NAT 模式（N）：用于共享主机的 IP 地址"，如图 1.12 所示。

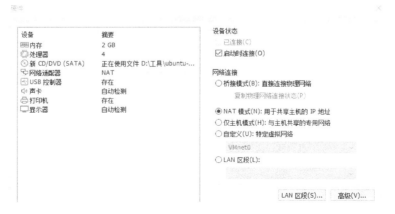

图 1.12　在硬件界面中设置网络适配器参数

VMware Workstation 虚拟机配置完成后的界面如图 1.13 所示。

图 1.13　VMware Workstation 虚拟机配置完成后的界面

1.2.3　安装 Linux 系统

在 VMware Workstation 虚拟机的管理界面中，单击"打开虚拟机"选项，会出现 Ubuntu 系统正在启动安装的界面，如图 1.14 所示。

图 1.14　Ubuntu 系统正在启动安装的界面

Ubuntu 系统启动安装后的界面如图 1.15 所示。

在该界面的左侧选择"English"（选择"English"是因为该选项的兼容性比较好），单击 "Install Ubuntu"按钮，可进入如图 1.16 所示的准备安装 Ubuntu 系统（Preparing to install Ubuntu）界面。

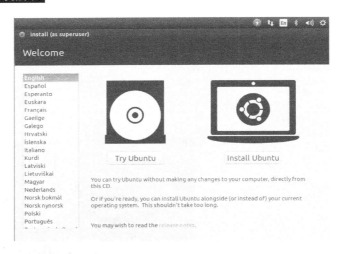

图 1.15　Ubuntu 系统启动安装后的界面

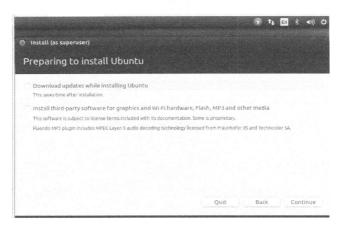

图 1.16　准备安装 Ubuntu 系统界面

　　在该界面中，不勾选任何选项，可以加快安装速度。单击"Continue"按钮后，可进入如图 1.17 所示的安装类型（Installation type）界面。

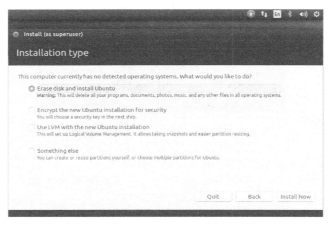

图 1.17　安装类型界面

在该界面中，选择"Erase disk and install Ubuntu"，单击"Install Now"按钮后可进入如图 1.18 所示的键盘布局（Keyboard layout）界面。

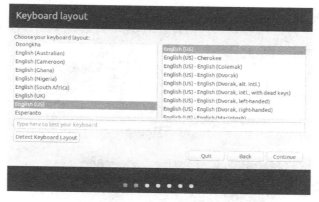

图 1.18　键盘布局界面

在该界面中选择"English(US)"后单击"Continue"按钮，可进入设置用户名、计算机名和密码界面，如图 1.19 所示。

图 1.19　设置用户名、计算机名和密码界面

在该界面中，将"Your name"设置为"dxxy"（电信学院拼音的首字母），将"Your computer's name"设置为"ubuntu"，将"Choose a password"设置为"123"，勾选"Log in automatically"后单击"Continue"按钮，即可开始安装 Ubuntu 系统，如图 1.20 所示。

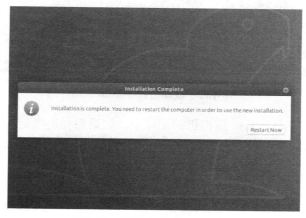

图 1.20　开始安装 Ubuntu 系统

安装完成后，单击"Restart Now"按钮，Ubuntu 系统会重新启动并自动登录，登录 Ubuntu 系统后的界面如图 1.21 所示。

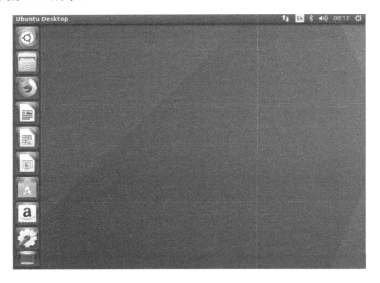

图 1.21　登录 Ubuntu 系统后的界面

在该界面中，打开 Firefox 浏览器后输入 Ubuntu 官网的网址，如果能成功访问 Ubuntu 官网，如图 1.22 所示，则表示虚拟机成功连接到了外部网络。至此就完成了 Linux 系统的安装。

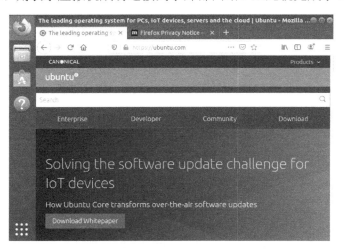

图 1.22　成功访问 Ubuntu 官网

在使用 VMware Workstation 虚拟机的过程中，如果想要切换到 Windows 系统，可按下"Ctrl+Alt"组合键，这时可显示出鼠标光标，将鼠标光标移动到 Windows 系统主机即可。

1.2.4　使用 Ubuntu 系统的注意事项

完成上面的步骤后，就可以正常使用 Ubuntu 系统了。但为了更方便快捷地使用 Ubuntu 系统，建议对装好的 Ubuntu 系统进行以下修改。

1．修改超级用户密码

Ubuntu 系统是 Debian 系列的 Linux 发行版，在默认的情况下是没有超级用户的。但有些操作必须使用超级用户的权限才能进行，因此需要在刚装好的 Ubuntu 系统中设置超级用户的权限。在 VMware Workstation 虚拟机的桌面，按下"Ctrl+Alt+T"组合键可打开终端，在终端输入：

```
dxxy@ubuntu:~$ sudo passwd root
```

按回车键后，系统会提示输入普通用户的密码（系统终端不显示输入的密码）。输入密码后按下回车键，连续输入两次新的 root 密码后即可设置 root 用户（超级用户）的密码。具体操作如下：

```
dxxy@ubuntu:~$ sudo passwd root
[sudo] password for dxxy:
Enter new UNIX password:
Retype new UNIX password:
passwd：password updated successfully
```

2．切换 Ubuntu 系统的软件源

软件源是指应用程序的安装库，很多应用软件都在这个库中。软件源既可以是网络服务器，也可以是光盘，还可以是硬盘上的一个目录。Ubuntu 官方软件源的服务器在欧洲，国内用户的访问速度很慢，因此有必要将软件源更换为国内的软件源。国内的软件源有很多，这里以清华大学的 Ubuntu 软件源为例进行介绍。

当 VMware Workstation 虚拟机连接到互联网之后，单击界面左侧快速启动栏中的"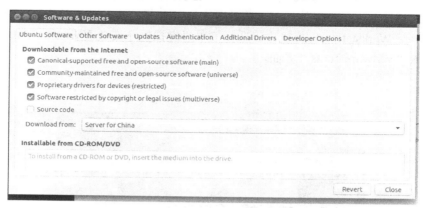"（System Settings）按钮，在弹出的"Software & Updates"界面中选择"Ubuntu Software"标签项后，可进入 Ubuntu 系统的软件源选择界面，如图 1.23 所示。

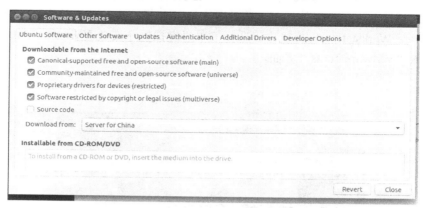

图 1.23　Ubuntu 系统的软件源选择界面

在默认的情况下，Ubuntu 系统的软件源是"Server for China"。如果要切换 Ubuntu 系统的软件源，可通过"Download from"下拉列表来实现。选择"Download from"下拉列表中的"Other…"，可弹出如图 1.24 所示的"Choose a Download Server"对话框，选择其中的"mirrors.tuna.tsinghua.edu.cn"（清华大学的 Ubuntu 系统软件源，也可以选择其他主流站点），

单击右下角的"Choose Server"按钮会弹出相应的提示来引导用户完成 Ubuntu 系统软件源的切换。

图 1.24   "Choose a Download Server"对话框

首先,在弹出的身份验证提示中,输入用户的登录密码后单击"Authenticate"按钮,等待完成 Ubuntu 系统软件源的切换。然后,在终端上执行以下命令来列出可以更新的软件列表:

dxxy@ubuntu:~$ sudo apt-get update

最后,在终端上执行以下命令来进行软件更新:

dxxy@ubuntu:~$ sudo apt-get upgrade

3. 安装 VMware Tools

成功安装 Ubuntu 系统后,会发现在 VMware Workstation 虚拟机全屏时,Ubuntu 系统的桌面在 VMware Workstation 虚拟机中无法全屏显示,而且也无法在 Windows 系统和 Ubuntu 系统之间复制文件。为了方便使用 VMware Workstation 虚拟机,还需要安装 VMware Tools。

在 VMware Workstation 虚拟机中,选择菜单"虚拟机→安装 VMware Tools",如图 1.25 所示,可进入"VMware Tools"界面。

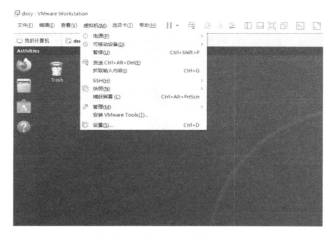

图 1.25   选择菜单"虚拟机→安装 VMware Tools"

　　单击"VMware Tools"界面左下角的"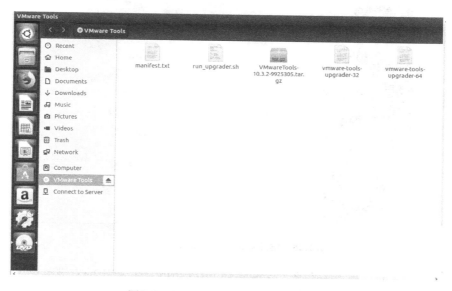"（光盘）按钮，可在该界面中显示 VMware Tools 光盘中的内容，如图 1.26 所示。

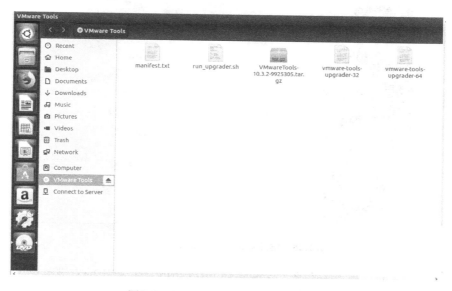

图 1.26　VMware Tools 光盘中的内容

　　将压缩文件 VMwareTools-10.3.2-9925305.tar.gz 复制到 Home 目录下，如图 1.27 所示。注意，不同版本的 VMware Workstation 虚拟机，压缩文件的名称有所不同。

图 1.27　将压缩文件 VMwareTools-10.3.2-9925305.tar.gz 复制到 Home 目录下

　　按下"Ctrl+Alt+T"组合键可弹出终端命令界面，在该界面中输入命令：

dxxy@ubuntu:~$ tar -zxvf VMwareTools-10.3.2-9925305.tar.gz

来解压该压缩文件。解压后的 VMwareTools 安装包如图 1.28 所示。

图 1.28　解压后的 VMware Tools 安装包

在图 1.28 中，右键单击文件夹"vmware-tools-distrib"，在弹出的右键菜单中选择"Open in Terminal"，可弹出终端命令界面。首先在终端命令界面中输入：

dxxy@ubuntu:~/vmware-tools-distrib$ sudo ./vmware-install.pl

后按下回车键，接着输入密码，即可开始安装 VMware Tools。在安装过程中，在需要输入时输入"yes"，其他情况按回车键即可。VMware Tool 安装成功的信息如图 1.29 所示。

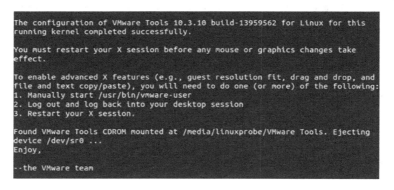

图 1.29　VMware Tool 安装成功的信息

重启 Ubuntu 系统后就可以使用 VMware Tool 的各种便捷功能了。

1.3　Linux 的文件系统

在 Linux 系统中，目录、字符设备、块设备、套接字、打印机等均被抽象成了文件，这就是为什么人们常说"Linux 系统中的一切都是文件"。

在 Windows 系统中，想要找到一个文件，必须先进入该文件所在的磁盘分区，再进入该分区下的具体目录，最终才能找到这个文件。在 Linux 系统中并不存在磁盘分区，如"C/""D/"等盘符，Linux 系统中的一切文件都是从"根目录/"开始的，按照文件系统层次标准（Filesystem Hierarchy Standard，FHS），采用树状结构来存放文件，并定义了常见目录的用途。注意，Linux 系统中的文件和目录名是严格区分大小写的，如"root""rOOt""Root""rooT"等表示不同的文件或目录，并且文件名中不得包含斜杠（/）。Linux 系统中的文件存储结构如图 1.30 所示。

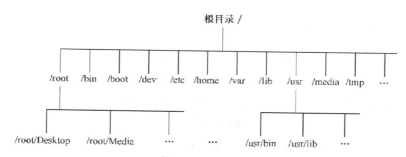

图 1.30　Linux 系统中的文件存储结构

在 Linux 系统中，常见的目录及其存放的内容如表 1.2 所示。

表 1.2　Linux 系统中常见的目录及其存放的内容

目 录 名 称	应放置文件的内容
/boot	用于存放启动 Linux 系统所需的文件，如 Linux 内核、开机菜单，以及所需的配置文件等
/dev	以文件形式存放的设备与接口
/etc	用于存放配置文件
/home	用户的主目录
/bin	用于存放用户模式下可以操作的命令
/lib	用于存放启动 Linux 系统时所需的函数库，以及"/bin"目录和"/sbin"目录中的命令要调用的函数
/sbin	用于存放启动 Linux 系统时所需的命令
/media	用于存放挂载的设备文件
/opt	用于存放第三方的软件
/root	系统管理者的主目录
/srv	用于存放网络服务的数据文件
/tmp	临时目录，任何用户均可使用该目录
/proc	用于存放虚拟文件系统，如 Linux 的内核、进程、外设及网络状态等
/usr/local	用于存放用户自行安装的软件
/usr/sbin	用于存放启动 Linux 系统时不会使用到的软件、命令和脚本
/usr/share	用于存放帮助与说明文件，也可存放共享文件
/var	用于存放经常变化的文件，如日志
/lost+found	当文件系统发生错误时，该目录用于存放一些丢失的文件片段

路径也称为目录，是在 Linux 系统中的一个重要概念。目录用于定位到某个文件，可分为绝对目录与相对目录。绝对目录是指从根目录开始的目录，相对目录是指相对于当前工作目录的目录。

1.4　Linux 系统的常用命令

Linux 系统的命令格式为：

命令名称 [命令参数] [命令对象]

其中，命令名称、命令参数、命令对象之间用空格分隔。命令对象通常是要处理的文件、目录、用户等资源。命令参数分为长格式（完整的选项名称）和短格式（单个字母的缩写）。例如，长格式"man --help"和短格式"man -h"。

Linux 系统的命令有很多，但常用的命令比较少。根据本书后续的内容，本节将 Linux 系统中的常用命令分为四类：系统命令、文本文件编辑命令、工作目录命令、打包压缩与搜索命令，并分别介绍每类的常用命令。

1.4.1　系统命令

系统命令主要包括进程控制命令和系统配置命令等。

1．echo 命令

通过 echo 命令可以在终端输出字符串或变量的值，其格式为：

echo [字符串 | $变量]

例如，把字符串"I love China"输出到终端的命令为：

dxxy@ubuntu:~$ echo I love China

执行上面的命令后，会在终端屏幕上显示：

I love China

echo 命令还可以使用"$"提取变量的值，并将其显示在终端屏幕上。例如，提取 SHELL 变量的值，命令如下：

dxxy@ubuntu:~$ echo $SHELL
/bin/bash

2．ps 命令

ps 命令用于查看系统中的进程状态，其格式为：

ps [参数]

ps 命令的常用参数及其作用如表 1.3 所示。

表 1.3　ps 命令的常用参数及其作用

参　数	作　用
-a	显示目前终端中所有的当前进程（包括其他用户的进程）
-u	显示用户的进程
-x	显示所有的进程

使用 ps 命令可以得到如下结果：

```
dxxy@ubuntu:~$ ps
    PID    TTY           TIME      CMD
  21287    pts/2      00:00:00    bash
  21492    pts/2      00:00:00    ps
  21567    pts/2      00:00:00    sshd
```

其中 sshd 进程的 PID 编号为 21567。

3．kill 命令

kill 命令用于终止指定 PID 的服务进程，其格式为：

kill [参数] [进程 PID]

接下来我们使用 kill 命令来终止 sshd 进程（PID 编号为 21567），命令如下：

dxxy@ubuntu:~$ kill 21567

4．ifconfig 命令

ifconfig 命令用于获取网卡配置与网络状态等信息，其格式为：

ifconfig [网络设备] [参数]

例如，通过命令：

dxxy@ubuntu:~$ ifconfig

可以得到虚拟机的网卡设备是 ens33，IP 地址是 192.168.12.131，具体信息如下：

```
ens33      Link encap:Ethernet   HWaddr 00:0c:29:09:9c:38
           inet addr:192.168.12.131   Bcast:192.168.12.255   Mask:255.255.255.0
           inet6 addr: fe80::875d:75c8:717:931/64 Scope:Link
           UP BROADCAST RUNNING MULTICAST   MTU:1500   Metric:1
           RX packets:298 errors:0 dropped:0 overruns:0 frame:0
           TX packets:136 errors:0 dropped:0 overruns:0 carrier:0
           collisions:0 txqueuelen:1000
           RX bytes:33950 (33.9 KB)   TX bytes:12997 (12.9 KB)
…………以下省略部分输出过程信息………………
```

5．apt 命令和 apt-get 命令

apt 命令和 apt-get 命令是一个功能强大的命令行工具，这两个命令的用法类似，它们不

17

仅可以更新软件包列表索引、执行安装新软件包、升级现有软件包，还可以升级整个 Ubuntu 系统。apt 命令的格式为：

apt [选项] 命令

最常用的命令是 update（更新）和 install（安装）。

apt 与 apt-get 的用法类似。apt 是新的命令，是随着 Ubuntu 16.04 一起发布的，不支持某些操作；apt-get 是老命令，可以支持更多的操作。常用 apt 命令和 apt-get 命令的对应关系及功能如表 1.4 所示。

表 1.4　常用 apt 命令和 apt-get 命令的对应关系及功能

apt 命令	apt-get 命令	命令的功能
apt install	apt-get install	安装软件包
apt remove	apt-get remove	删除软件包
apt purge	apt-get purge	删除软件包及配置文件
apt update	apt-get update	刷新存储库索引
apt upgrade	apt-get upgrade	升级所有可升级的软件包
apt autoremove	apt-get autoremove	自动删除不需要的软件包
apt full-upgrade	apt-get dist-upgrade	升级软件包时自动处理依赖关系
apt search	apt-cache search	搜索应用程序
apt show	apt-cache show	显示安装细节

6．shutdown 命令

shutdown 命令用于关机，并且可以在关机之前向所有的使用者发送信息。另外，该命令也可以用来重新开机。该命令的使用权限是系统管理者，其格式为：

shutdown [-t seconds] [-rkhncfF] time [message]

该命令的参数说明如下：

- -t seconds：设定在几秒后关机。
- -k：并不会真的关机，只是将警告信息发送给所有的使用者。
- -r：关机后重新开机。
- -h：关机后不重新开机。
- -n：不采用正常的流程来关机，用强制的方式终止所有正在执行的程序后自动关机。
- -c：取消目前正在进行的关机动作。
- message：向所有使用者发送的信息。

例如，通过下面的命令可以立即关机：

dxxy@ubuntu:~$ shutdown -h now

通过下面的命令可以在 10 min 后关机：

dxxy@ubuntu:~$ shutdown -h 10

通过下面的命令可以重新开机：

dxxy@ubuntu:~$ shutdown -r now

7．reboot 命令

reboot 命令用于重新开机，其格式为：

reboot [-n] [-w] [-d] [-f] [-i]

该命令的参数如下：

- -n：在重新开机前不会将存储器中的内容保存到硬盘中。
- -w：并非真的重新开机，只是把存储器中的内容保存到 "/var/log/wtmp" 中。
- -d：不会把存储器中的内容保存到 "/var/log/wtmp" 中（参数-n 的功能可包含参数-d 的功能）。
- -f：不使用 shutdown 命令来强制重新开机。
- -i：在重新开机之前先停止所有与网络相关的设备。

1.4.2　文本文件编辑命令

文本编辑器是非常重要的工具，无论修改简单的文本文件，还是修改某些系统配置文件，都会用到文本编辑器。在 Linux 系统中，用于文件显示及编辑的命令很多，本节仅介绍一些常用的显示和编辑命令。

1．cat 命令

cat 命令用于查看内容较少的纯文本文件，其格式为：

cat [选项] [文件]

如果想要在查看的内容前面显示行号，则可以在命令后面添加参数-n，例如：

dxxy@ubuntu:~$ cat -n ~/.bashrc
　　　1　# ~/.bashrc: executed by bash(1) for non-login shells.
　　　2　# see /usr/share/doc/bash/examples/startup-files (in the package bash-doc)
　　　3　# for examples
　　　省略部分输出过程信息

2．stat 命令

stat 命令用于查看文件的详细信息（如存储时间），其格式为：

stat 文件名称

例如，通过下面的命令：

stat ~/.bashrc

可以显示文件的三种时间状态：Access、Modify 和 Change。

3．touch 命令

touch 命令用于创建空白文件或设置文件的时间，其格式为：

touch [选项] [文件]

例如，通过下面的命令：

touch JIT

可以创建出一个名为 JIT 的空白文件。

4．wc 命令

利用 wc 命令可以计算文件的字节数、字数或列数。若不指定文件名称，文件的名称为"-"，则该命令会从标准输入（stdin）读取数据。wc 命令的格式为：

wc [参数] 文本

wc 命令的参数及其作用如表 1.5 所示。

表 1.5　wc 命令的参数及其作用

参　　数	作　　用
-l	只显示行数
-w	只显示单词数
-c	只显示字节数

例如，通过下面的命令：

dxxy@ubuntu:~$ wc testfile

可以查看 testfile 文件的内容，得到的结果为：

dxxy@ubuntu:~$ cat testfile
Hello
World

使用 wc 命令进行统计，其结果为：

dxxy@ubuntu:~$ wc testfile　　　　　　#统计 testfile 文件的信息
2　2　12　testfile　　　　　　#testfile 文件的行数为 2、单词数 2、字节数 12

其中，结果中的 3 个数字分别表示 testfile 文件的行数、单词和字节数。

1.4.3　工作目录命令

当前工作目录（Present Working Directory）是文件系统当前所在的目录。如果没有指定目录，则将文件系统当前所在的目录默认为当前工作目录。例如，在使用 ls 命令时，如果没有指定目录，则会显示出当前工作目录中的文件。

在 Linux 中，目录可以用绝对目录或相对目录来表示，相对目录就是指相对于当前工作目录的目录。

1．pwd 命令

pwd 命令用于显示用户所处的当前工作目录，其格式为：

```
dxxy@ubuntu:~$ pwd
/home/dxxy
```

2．cd 命令

cd 命令用于当前切换工作目录，其格式为：

cd [目录名称]

例如，通过下面的命令可以从当前工作目录切换到"/etc"目录中：

```
dxxy@ubuntu:~$ cd /etc
dxxy@ubuntu:/etc$
```

可以使用"cd -"命令返回到上一次所处的目录，使用"cd .."命令进入上级目录，使用"cd ~"命令切换到当前用户的 home 目录。

3．ls 命令

ls 命令用于显示目录中的文件信息，其格式为：

ls [选项] [文件]

使用 ls 命令的参数-a 可以显示全部文件（包括隐藏文件），使用参数-l 参数可以显示文件的属性、大小等详细信息。将这两个参数整合之后，再执行 ls 命令可显示当前工作目录中的所有文件，并输出这些文件的属性、大小等详细信息。例如：

```
dxxy@ubuntu:~$ ls -al
total 54388
drwxr-xr-x    20 dxxy dxxy      4096    Dec     7 09:20 .
drwxr-xr-x    3 root root       4096    Oct     8 00:13 ..
-rw-------    1 dxxy dxxy        759    Dec     7 09:12 .bash_history
```

4．mkdir 命令

mkdir 命令用于创建空目录，其格式为：

mkdir [选项] 目录

在 Linux 系统中，文件夹是最常见的文件类型之一。mkdir 命令除了能创建单个空目录，还可以通过参数-p 来递归创建出具有嵌套关系的文件目录。例如：

```
dxxy@ubuntu:~$ mkdir test1
dxxy@ubuntu:~$ cd test1
dxxy@ubuntu:~/test1$ mkdir -p a/b/c
dxxy@ubuntu:~/test1$ cd a
dxxy@ubuntu:~/test1/a$ cd b
dxxy@ubuntu:~/test1/a/b$ cd c
dxxy@ubuntu:~/test1/a/b/c$
```

5．cp 命令

cp 命令用于复制文件或目录，其格式为：

cp [选项] 源文件 目标文件

cp 命令的参数及其作用如表 1.6 所示。

表 1.6 cp 命令的参数及其作用

参　　数	作　　用
-p	保留原始文件的属性
-d	若目标文件为链接文件，则保留该链接文件的属性
-r	递归持续地复制（用于目录）
-i	若目标文件存在，则询问是否覆盖
-a	相当于-pdr（p、d、r 为上述参数）

使用 touch 命令创建一个名为 a.log 的普通空白文件，然后在当前工作目录下将其复制为一个名为 b.log 的备份文件，最后使用 ls 命令查看目录中的文件。具体命令如下：

dxxy@ubuntu:~/test1$ touch a.log
dxxy@ubuntu:~/test1$ cp a.log b.log
dxxy@ubuntu:~/test1$ ls
a.log b.log

6．mv 命令

mv 命令用于剪切文件或将文件重命名，其格式为：

mv [选项] 原文件 [目标目录|目标文件名]

在进行剪切时，默认的情况是删除原文件，只保留剪切后的文件。在同一个目录中对一个文件进行剪切操作，可以看成对该文件进行重命名操作。例如：

dxxy@ubuntu:~/test1$ mv a.log 123.log

7．rm 命令

rm 命令用于删除文件或目录，其格式为：

rm [选项] 文件

例如，通过下面的命令可以删除 a.log 文件：

dxxy@ubuntu:~/test1$rm a.log

在 Linux 系统中删除文件时，有时候会询问是否要执行删除操作。如果不想看到这种询问，则可在 rm 命令添加参数-f 来强制删除文件。如果要删除一个目录，则需要在 rm 命令中添加参数-r，否则无法删除目录。

8．file 命令

file 命令用于查看文件的类型，其格式为：

file 文件名

在 Linux 系统中，由于文本、目录、设备等均当成文件来处理，仅仅依靠后缀名无法判断具体的文件类型，这时就需要使用 file 命令来查看文件类型。例如：

```
dxxy@ubuntu:~ $ file .bashrc
.bashrc: ASCII text
dxxy@ubuntu:~ $ file /dev/sda
/dev/sda: block special    (8/0)
```

1.4.4　打包压缩与搜索命令

1. tar 命令

tar 命令用于对文件进行打包压缩或解压操作，其格式为：

tar [选项] [文件]

在 Linux 系统中，压缩文件的格式比较多，常用的是.tar、.tar.gz 或.tar.bz2 格式。tar 命令的参数及其作用如表 1.7 所示。

表 1.7　tar 命令的参数及其作用

参　　数	作　　用
-c	创建压缩文件
-x	解压压缩文件
-t	查看压缩文件内包含的文件
-z	使用 gzip 压缩或解压
-j	使用 bzip2 压缩或解压
-v	显示压缩或解压的过程
-f	目标文件名
-p	保留原始的权限与属性
-P	使用绝对目录来压缩
-C	解压到指定的目录

例如，使用 tar 命令把"/home/dxxy/test1"目录打包压缩为 gzip 格式，并命名为 test1.tar.gz：

dxxy@ubuntu:~ $ tar -czvf　test1.tar.gz　/home/dxxy/test1

将打包后的压缩包文件解压到指定的"/home/dxxy/test2"目录中：

dxxy@ubuntu:~ $ tar xzvf　test1.tar.gz -C　/home/dxxy/test2

2. grep 命令

grep 命令用于在文本中搜索关键词，并显示匹配的结果，其格式为：

grep [选项] [文件]

grep 命令的参数及其作用如表 1.8 所示。

表 1.8　grep 命令的参数及其作用

参　数	作　用
-b	将可执行文件当成文本文件来搜索
-c	仅显示找到的行数
-i	忽略大小写
-n	显示行号
-v	反向选择，仅列出没有关键词的行

在 Linux 系统中，文件"/etc/passwd"保存着所有的用户信息，而一旦用户的登录终端被设置成"/sbin/nologin"，则不允许登录系统，因此可以使用 grep 命令来查找出当前系统中不允许登录系统的用户信息。例如：

dxxy@ubuntu:~ $ grep /sbin/nologin /etc/passwd
daemon:x:1:1:daemon:/usr/sbin:/usr/sbin/nologin
bin:x:2:2:bin:/bin:/usr/sbin/nologin
sys:x:3:3:sys:/dev:/usr/sbin/nologin
games:x:5:60:games:/usr/games:/usr/sbin/nologin
……………省略部分输出过程信息………………

3．find 命令

find 命令用于按照指定条件来查找文件，其格式为：

find [查找目录] 寻找条件 操作

find 命令可以使用不同的文件特性作为寻找条件（如文件名、大小、修改时间、权限等），一旦匹配成功则默认将信息显示在屏幕上。find 命令的参数及其作用如表 1.9 所示。

表 1.9　find 命令的参数及其作用

参　数	作　用
-name	匹配名称
-perm	匹配权限，mode 表示完全匹配，-mode 表示包含
-user	匹配所有用户
-group	匹配所属组
-mtime -n +n	匹配修改文件的时间，-n 表示 n 天以内，+n 表示 n 天以前
-atime -n +n	匹配访问文件的时间，-n 表示 n 天以内，+n 表示 n 天以前
-ctime -n +n	匹配修改文件权限的时间，-n 表示 n 天以内，+n 表示 n 天以前
-nouser	匹配无用户的文件
-nogroup	匹配无组的文件
-newer f1 !f2	匹配比文件 f1 新但比 f2 旧的文件
--type b/d/c/p/l/f	匹配文件的类型，后面的参数分别表示块设备、目录、字符设备、管道、链接文件、文本文件
-size	匹配文件的大小，+50 KB 表示查找超过 50 KB 的文件，-50 KB 表示查找小于 50 KB 的文件

续表

参　数	作　用
-prune	忽略某个目录
-exec … {}\;	后面可连接用于进一步处理搜索结果的命令

根据文件系统层次标准（Filesystem Hierarchy Standard，FHS），Linux 系统中的配置文件会保存到目录"/etc"中。如果要获取该目录中所有以 host 开头的文件，可以执行如下命令：

```
dxxy@ubuntu:~ $ find /etc -name "host*" -print
/etc/host.conf
/etc/hosts.deny
/etc/avahi/hosts
/etc/init.d/hostname.sh
/etc/hostname
/etc/hosts
………………省略部分输出过程信息………………
```

1.4.5　命令在 Linux 系统中的执行

用户在执行一条命令时，Linux 系统中到底发生了什么事情呢？简单来说，命令在 Linux 中的执行可分为以下 4 个步骤：

第 1 步：判断用户是不是以绝对目录或相对目录的方式输入命令的（如"/bin/ls"），如果是则直接执行输入的命令。

第 2 步：Linux 系统检查用户输入的命令是不是"别名命令"，即用一个自定义的命令名称来替换原来的命令名称。

第 3 步：通过 Bash 解释器判断用户输入的命令是内部命令还是外部命令。内部命令是 Bash 解释器内部的命令，可以被直接执行。而用户输入的命令大部分是外部命令，这些命令继续由第 4 步进行处理。可以使用"type 命令"来判断用户输入的命令是内部命令还是外部命令。

第 4 步：Linux 系统在多个目录中查找用户输入的命令文件，而定义这些目录的变量称为 PATH，可以简单地把它理解成"Bash 解释器的小助手"，其作用是告诉 Bash 解释器待执行的命令可能存放的位置，然后由 Bash 解释器在这些位置中逐个查找命令。PATH 是由多个目录组成的变量，每个目录之间用冒号间隔，对这些目录的增加和删除操作将影响 Bash 解释器对命令的查找。

```
dxxy@ubuntu:~ $ echo $PATH
/home/dxxy/bin:/home/dxxy/.local/bin:/usr/local/sbin:/usr/local/bin:/usr/sbin:/usr/bin:/sbin:/bin:/usr/games:/usr/local/games:/snap/bin
dxxy@ubuntu:~ $ PATH=$PATH:/root/bin
dxxy@ubuntu:~ $ echo $PATH
/home/dxxy/bin:/home/dxxy/.local/bin:/usr/local/sbin:/usr/local/bin:/usr/sbin:/usr/bin:/sbin:/bin:/usr/games:/usr/local/games:/snap/bin:/root/bin
```

1.5 链接方式

1.5.1 软链接和硬链接

在 Windows 系统中，快捷方式是指向原始文件的一个链接文件。通过链接文件，可以让用户在不同的位置来访问原始文件。如果原始文件一旦被删除或剪切到其他地方，则会导致链接文件失效。在 Linux 系统中，链接方式可分为硬链接和软链接两种。

（1）硬链接（Hard Link）：硬链接可以理解为一个指向原始文件的指针，它与原始文件其实是同一个文件，只是名字不同。添加一个硬链接后，原始文件的 inode 链接数就会增加 1。只有当原始文件的 inode 链接数为 0 时，才算彻底删除该原始文件。因此，即使删除原始文件，仍然可以通过硬链接来访问该原始文件。由于技术的局限性，目前还无法跨分区地对目录文件进行硬链接。

（2）软链接：也称为符号链接（Symbolic Link），由于软链接仅包含所链接文件的目录，因此能链接目录文件，可以跨文件系统进行链接。当原始文件被删除后，软链接将失效。从这一点来看，软链接与 Windows 系统中的快捷方式类似。

1.5.2 ln 命令

ln 命令用于创建链接文件，其格式为：

ln [选项] 目标

ln 命令的参数及其作用如表 1.10 所示。在使用 ln 命令时，是否添加参数-s，将创建出性质不同的两种链接方式。

表 1.10　ln 命令的参数及其作用

参　　数	作　　用
-s	创建软链接，如果不带参数-s，则默认创建硬链接
-f	强制创建文件或目录的链接
-i	交互模式，若链接文件存在则提示是否覆盖链接文件
-v	显示创建链接的过程

为了更好地理解软链接和硬链接，首先创建一个软链接，当原始文件被删除后，就无法读取了。例如：

```
dxxy@ubuntu:~ $ echo "Welcome to linux " > readme1.txt
dxxy@ubuntu:~ $ ln -s readme1.txt readme2.txt
dxxy@ubuntu:~ $ cat readme1.txt
Welcome to linux
dxxy@ubuntu:~ $ cat readme2.txt
Welcome to linux
dxxy@ubuntu:~ $ ls -l readme1.txt
```

```
-rw-rw-r-- 1 dxxy dxxy 18 Dec 8    02:23 readme1.txt
dxxy@ubuntu:~ $ rm readme1.txt
dxxy@ubuntu:~ $ cat readme2.txt
cat: readme2.txt: No such file or directory
```

然后为原始文件创建一个硬链接，这相当于在原始文件的硬盘存储位置创建了一个指针，新创建的硬链接不依赖于原始文件的名称等信息，也不会因为原始文件被删除而导致无法读取。在创建硬链接后，可以看到原始文件的硬链接数量变为 2 了。例如：

```
dxxy@ubuntu:~ $ echo "Welcome to linux " > readme1.txt
dxxy@ubuntu:~ $ ln readme1.txt readme2.txt
dxxy@ubuntu:~ $ cat readme1.txt
Welcome to linux
dxxy@ubuntu:~ $ cat readme2.txt
Welcome to linux
dxxy@ubuntu:~ $ ls -l readme1.txt
-rw-rw-r-- 2 dxxy dxxy 18 Dec 8    02:31 readme1.txt
dxxy@ubuntu:~ $ rm    readme1.txt
dxxy@ubuntu:~ $ cat    readme2.txt
Welcome to linux
```

1.6　输入/输出重定向、管道符与环境变量

1.6.1　输入/输出重定向

标准输入（stdin）是命令的输入，默认指向键盘；标准输出（stdout）是命令的输出，默认指向屏幕；标准错误（stderr）是命令错误信息的输出，默认指向屏幕。

输入重定向是指把文件导入命令中，输出重定向则是指把原本要输出到屏幕的信息写入文件中。在日常的学习和工作中，相较于输入重定向，输出重定向的使用频率更高。输出重定向可分为标准输出重定向和标准错误重定向两种不同的技术，以及清空写入与追加写入两种方式。

- 标准输入（stdin，文件描述符为 0）重定向：默认从键盘输入，也可从其他文件或命令中输入。
- 标准输出（stdout，文件描述符为 1）重定向：默认输出到屏幕。
- 标准错误（stderr，文件描述符为 2）重定向：默认输出到屏幕。

例如，查看两个文件的属性信息，其中第二个文件是不存在的，虽然对这两个文件的操作都会分别在屏幕上输出一些信息，但对这两个文件操作的差异其实是很大的。

```
dxxy@ubuntu:~ $ touch abc
dxxy@ubuntu:~ $ ls -l abc
-rw-rw-r-- 1 dxxy dxxy 0 Dec 8 02:35 abc
dxxy@ubuntu:~ $ ls -l abcd
ls: cannot access 'abcd': No such file or directory
```

在上述命令中，名为 abc 的文件是存在的，输出信息是该文件的相关权限、所有者、所属组、文件大小及修改时间等信息，这也是标准输出信息。名为 abcd 的第二个文件是不存在的，因此在执行完 ls 命令后会显示报错提示信息，这也是标准错误信息。要想把原本输出到屏幕上的信息写入文件当中，就要区别这两种输出信息。

对于输入重定向来讲，用到的符号及其作用如表 1.11 所示。

表 1.11　输入重定向用到的符号及其作用

符　　号	作　　用
命令 < 文件	将文件作为命令的标准输入
命令 << 分界符	从标准输入中读入，直到遇到分界符才停止
命令 < 文件 1 > 文件 2	将文件 1 作为命令的标准输入并将其输出到文件 2

对于输出重定向来讲，用到的符号及其作用如表 1.12 所示。

表 1.12　输出重定向用到的符号及其作用

符　　号	作　　用
命令 > 文件	将标准输出信息重定向到一个文件中（清空原有文件的内容）
命令 2> 文件	将标准错误信息重定向到一个文件中（清空原有文件的内容）
命令 >> 文件	将标准输出信息重定向到一个文件中（追加到原有内容的后面）
命令 2>> 文件	将标准错误信息重定向到一个文件中（追加到原有内容的后面）
命令 >> 文件 2>&1 命令 &>> 文件	将标准输出信息与标准错误信息都写入文件中（追加到原有内容的后面）

对于重定向中的标准输出模式，可以省略文件描述符 1，而标准错误模式的文件描述符 2 是必需的。我们先来小试牛刀，通过标准输出重定向将 "man bash" 命令原本要输出到屏幕的信息写入文件 readme.txt 中，然后显示 readme.txt 文件中的内容。具体命令如下：

```
dxxy@ubuntu:~ $ man bash > readme.txt
```

虽然都采用了输出重定向技术，但不同命令的标准输出信息和标准错误信息还是有区别的。例如，查看当前工作目录中某个文件的信息，这里以 readme.txt 文件为例，由于这个文件是真实存在的，因此使用标准输出即可将原本要输出到屏幕的信息写入文件中；如果这个文件不存在，则标准错误重定向依然会把信息输出到屏幕上。如果这个文件不存在，使用标准错误重定向也可将原本要输出到屏幕的信息写入文件中。

```
dxxy@ubuntu:~ $ ls -l readme.txt
-rw-rw-r-- 1 dxxy dxxy 350324 Dec 8   02:37 readme.txt
dxxy@ubuntu:~ $ ls -l readme.txt   > /home/dxxy/stderr.txt
dxxy@ubuntu:~ $ ls -l readme12.txt   > /home/dxxy/stderr.txt
ls: cannot access 'readme12.txt': No such file or directory
dxxy@ubuntu:~ $ ls -l readme12.txt   2> /home/dxxy/stderr.txt
dxxy@ubuntu:~ $ cat /home/dxxy/stderr.txt
ls: cannot access 'readme12.txt': No such file or directory
```

输入重定向相对来说用得少一些，在工作中遇到的概率会小一些。输入重定向的作用是把文件直接导入命令中。例如，使用输入重定向把 readme.txt 文件导入"wc -l"命令中，并统计文件内容的行数，具体命令如下：

```
dxxy@ubuntu:~$ wc -l <readme.txt
```

1.6.2　管道符

管道符的作用可以用一句话来概括，即把前一个命令原本要输出到屏幕的标准输出当成后一个命令的标准输入。

例如，使用 grep 命令搜索关键词 "/sbin/nologin"，并找出所有被限制登录系统的用户。借助管道符，可以把下面这两条命令：

```
grep "/sbin/nologin" /etc/passwd          #找出被限制登录用户的命令
wc -l                                      #统计文本行数的命令
```

合并成一条。合并的方法是：把搜索命令（grep 命令）的输出值传递给统计命令（wc 命令），也就是把原本要输出到屏幕的用户信息再交给 wc 命令做进一步的处理，因此，只需要把管道符放到两条命令之间即可，这简直是太方便了！合并后的命令和结果如下：

```
dxxy@ubuntu:~ $ grep "/sbin/nologin" /etc/passwd | wc -l
16
```

也可以将管道符添加到其他的命令中。例如，可以用翻页的形式查看目录 "/etc" 中的文件列表及属性信息：

```
dxxy@ubuntu:~ $ ls -l /etc/ | more
total 1156
drwxr-xr-x   3 root root    4096   Jul 31   2018 acpi
-rw-r--r--   1 root root    3028   Jul 31   2018 adduser.conf
drwxr-xr-x   2 root root    4096   Dec 8    00:15 alternatives
-rw-r--r--   1 root root    401    Dec 29   2014 anacrontab
-rw-r--r--   1 root root    112    Jan 10   2014 apg.conf
drwxr-xr-x   6 root root    4096   Jul 31   2018 apm
--More--
```

大家千万不要误以为管道符只能在一个命令组合中使用一次，我们完全可以按照以下的格式来使用管道符：

命令 A | 命令 B | 命令 C

1.6.3　重要的环境变量

变量是计算机系统用于保存可变值的数据类型。在 Linux 系统中，变量名称一般都是大写的，这是一种约定俗成的规范。我们可以直接通过变量名称来提取到对应的变量值。Linux 系统中的环境变量是用来定义系统运行环境的一些参数，如不同用户的 home 目录、邮件保存目录等。

使用 env 命令可以查看 Linux 系统的环境变量。表 1.13 给出的是 Linux 系统中最重要的 10 个环境变量。

表 1.13　Linux 系统中最重要的 10 个环境变量

变 量 名 称	作　　用
HOME	用户的主目录
SHELL	用户正在使用的 Shell 解释器名称
HISTSIZE	输出历史命令记录的条数
HISTFILESIZE	保存历史命令记录的条数
MAIL	邮件保存目录
LANG	系统语言、语系名称
RANDOM	生成的一个随机数字
PS1	Bash 解释器的提示符
PATH	定义 Bash 解释器搜索用户执行命令的目录
EDITOR	用户默认的文本编辑器

变量是由固定的变量名，以及用户或系统设置的变量值两部分组成的，可以根据工作需求来自行创建变量。例如，设置一个名称为 WORKDIR 的变量，方便用户更轻松地进入一个层次较深的目录。具体的命令如下：

```
dxxy@ubuntu:~ $ mkdir    /home/dxxy/workdir
dxxy@ubuntu:~ $ WORKDIR=/home/dxxy/workdir
dxxy@ubuntu:~ $ cd    $WORKDIR
dxxy@ubuntu:~/workdir$ pwd
/home/dxxy/workdir
```

1.7　Vim 编辑器与 Shell 脚本命令

1.7.1　Vim 编辑器

文本编辑器是计算机系统中最常用的一种工具，用户在使用计算机时，往往需要创建自己的文件，无论一般的文本文件、资料文件，还是源程序，这些都离不开文本编辑器。Linux 系统中最常用的文本编辑器是 Vi 编辑器和 Vim 编辑器。

Vi 编辑器（Vi 是 Visual Interface 的简称）在 Linux 系统中的地位就像 Edit 程序在 Dos 系统中的地位一样，该编辑器不仅可以进行输出、删除、查找、替换、块操作等众多的文本操作，还可以让用户根据自己的需要对其进行定制，这一点是其他文本编辑器所没有的。

Vim 编辑器是 Vi 编辑器的升级版本，最初的简称是 Vi Imitation，随着功能的不断增加，正式名称改成了 Vi IMproved。Vim 编辑器是 UNIX 系统和 Linux 系统中最常用的文本编辑器。Vim 编辑器没有菜单，只有众多命令。很多人不喜欢 Vim 编辑器就是因为它有太多的命令集，但只需要掌握基本的命令就可以灵活地使用 Vim 编辑器。

安装 Vim 编辑器的命令如下：

```
dxxy@ubuntu:~ $ sudo apt-get install vim
```

安装完成后就可以使用 Vim 编辑器了。Vim 编辑器中设置了三种模式：命令模式、输入模式和末行模式，每种模式又分别支持不同的命令快捷键，这大大提高了工作效率。

● 命令模式：控制光标移动，可对文本进行复制、粘贴、删除和查找等操作。
● 输入模式：正常的文本输入。
● 末行模式：保存或退出文档，以及设置编辑环境。

Vim 编辑器的模式切换方法如图 1.31 所示。

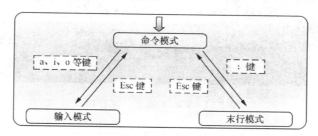

图 1.31　Vim 编辑器的模式切换方法

启动 Vim 编辑器后默认进入的是命令模式，此时需要先切换到输入模式后才能进行文本的输入；在完成文档输入后需要先返回命令模式，才能再进入末行模式，执行文档的保存或退出操作。

下面通过 Vim 编辑器编写文本文件 practice.txt。首先通过：

dxxy@ubuntu:~ $ vim practice.txt

进入 Vim 编辑器的命令模式，此时只能执行该模式下的命令，而不能随意输入文本内容，需要切换到输入模式才可以编写文本。按"i"键进入输入模式后，可以输入文本内容，Vim 编辑器不会把输入的文本内容当成命令来执行。Vim 编辑器的输入模式如图 1.32 所示。

图 1.32　Vim 编辑器的输入模式

编写完文本之后，如果要保存并退出，必须先按下 Esc 键从输入模式返回到命令模式。然后输入":"切换到末行模式，并输入"wq"强制保存并退出。Vim 编辑器的末行模式如图 1.33 所示。

图 1.33　Vim 编辑器的末行模式

在 Vim 编辑器的命令模式和末行模式中有很多命令，表 1.14 和表 1.15 分别给出了这两种模式下的常用命令。

表 1.14　Vim 编辑器命令模式的常用命令

命　　令	作　　用
dd	删除（剪切）光标所在整行
5dd	删除（剪切）从光标处开始的 5 行
yy	复制光标所在整行
5yy	复制从光标处开始的 5 行
u	撤销上一步的操作
p	将之前删除（dd）或复制（yy）过的数据粘贴到光标后面

表 1.15　Vim 编辑器末行模式的常用命令

命　　令	作　　用
:w	保存
:q	退出
:q!	强制退出（放弃对文件的修改）
:wq!	强制保存并退出
:set nu	显示行号
:命令	执行 ":" 后命令
:整数	跳转到 ":" 用整数表示的行

1.7.2　Shell 脚本命令

1. 什么是 Shell

Linux 系统的内核负责完成硬件资源的分配、调度等管理任务，对计算机的正常运行来说极为重要。在一般情况下，用户通常是通过基于 Linux 系统的系统调用接口来开发程序或服务的，从而来管理计算机，以满足日常的工作需要。用户与 Linux 系统的交互如图 1.34 所示。

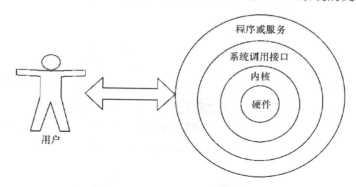

图 1.34 用户与 Linux 系统的交互

虽然 Linux 系统中的图形化工具能够极大地降低运维人员操作的出错概率，但图形化工具往往缺乏 Linux 命令的灵活性和可控性，因此许多经验丰富的运维人员甚至都不会为 Linux 系统安装图形界面，在运维工作中直接使用命令模式。

Shell（也称为终端或壳）充当的是用户与 Linux 内核之间的"翻译官"，用户把一些命令"告诉"Shell，它就会调用相应的程序服务来完成某些工作。现在主流 Linux 系统默认使用的 Shell 是 Bash（Bourne-Again Shell）解释器。

作为命令行终端，Bash 解释器主要有以下 4 项功能：

- 通过上/下方向键来调取执行过的 Linux 命令。
- 仅需输入命令或参数的前几位就可以通过 Tab 键补全命令或参数。
- 具有强大的批处理脚本。
- 具有实用的环境变量。

要想正确使用 Bash 解释器的这些功能，准确输入 Shell 脚本命令尤为重要。Shell 脚本命令的工作方式有两种：交互式和批处理。

- 交互式（Interactive）：用户每输入一条 Shell 脚本命令就立即执行。
- 批处理（Batch）：由用户事先编写好 Shell 脚本命令，Bash 解释器会一次性地执行 Shell 脚本命令。

在 Shell 脚本命令中，不仅会用到 Linux 命令、正则表达式、管道符、数据流重定向等语法规则，还需要将内部功能模块化后通过逻辑语句进行处理，最终形成 Shell 脚本文件。

通过查看变量 SHELL 可以得知当前系统默认的 Shell 是不是 Bash 解释器，方法如下：

```
dxxy@ubuntu:~ $ echo $SHELL
/bin/bash
```

2. 编写简单的 Shell 脚本文件

通过 Vim 编辑器把 Linux 命令按照顺序依次写入一个文件，这个文件其实就是一个简单的 Shell 脚本文件。例如，想要查看当前工作目录并列出当前工作目录下所有的文件及其属性信息，可通过下面的 Shell 脚本文件来实现：

```
dxxy@ubuntu:~ $ vim example.sh
#!/bin/bash
pwd
ls -al
```

用户可以自定义 Shell 脚本文件的名称，但为了避免将 Shell 脚本文件误认为普通文件，建议在文件名中增加后缀".sh"，以表示该文件是一个 Shell 脚本文件。在上面的 example.sh 文件中，出现了三种不同的元素：第 1 行是注释信息，是对脚本功能和某些命令的介绍信息，在看到注释信息时可以快速知道该脚本文件的作用或一些警告信息；第 2 行是脚本声明（#!），用来告诉 Linux 系统使用的是哪种 Shell 解释器来执行该脚本文件；第 3、4 行是可执行语句，也就是要执行的 Linux 命令。脚本文件 example.sh 的执行结果如下：

```
dxxy@ubuntu:~ $ bash example.sh
/home/dxxy
total 54400
drwxr-xr-x 20 dxxy dxxy        4096 Dec   8 14:36 .
drwxr-xr-x  3 root root        4096 Oct   8 00:13 ..
-rw-rw-r--  1 dxxy dxxy           0 Dec   7 13:29 a.log
-rw-------  1 dxxy dxxy        1722 Dec   7 15:27 .bash_history
………………省略部分输出过程信息………………
```

除了可以使用 Bash 解释器来运行 Shell 脚本文件，还可以通过输入完整的目录来执行 Shell 脚本文件，但会因为权限不足而提示报错信息，此时只需要为 Shell 脚本文件增加执行权限即可。例如：

```
dxxy@ubuntu:~ $ ./example.sh
bash: ./Example.sh: Permission denied
dxxy@ubuntu:~ $ chmod u+x example.sh
dxxy@ubuntu:~ $ ./example.sh
/home/dxxy
total 54400
drwxr-xr-x 20 dxxy dxxy        4096 Dec   8 14:36 .
drwxr-xr-x  3 root root        4096 Oct   8 00:13 ..
-rw-rw-r--  1 dxxy dxxy           0 Dec   7 13:29 a.log
-rw-------  1 dxxy dxxy        1722 Dec   7 15:27 .bash_history
………………省略部分输出过程信息………………
```

3. 接收用户的参数

为了让 Shell 脚本文件更好地满足用户的实时性需求，以便灵活地完成工作，Shell 脚本文件必须像执行 Linux 命令那样，可以接收用户输入的参数。

其实，Linux 系统中的 Shell 脚本命令已经内设了用于接收参数的变量，变量之间可以使用空格间隔。例如，"$0"对应的是当前 Shell 脚本文件的名称，"$#"对应的是有几个参数，"$*"对应的是所有位置的参数值，"$?"对应的是显示上一次命令的执行返回值，$1、$2、$3、…、$N 分别对应着 N 个位置的参数值。Shell 脚本文件中的参数位置变量如图 1.35 所示。

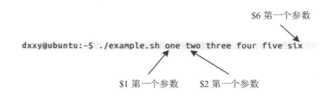

图 1.35　Shell 脚本文件中的参数位置变量

学习完 Shell 的理论知识后，接下来编写一个 Shell 脚本文件实例，通过应用参数位置变量来看看真实的效果。

dxxy@ubuntu:~ $ vim example.sh
#!/bin/bash
echo "当前 Shell 脚本文件的名称为$0"
echo "总共有$#个参数，分别是$*。"
echo "第 1 个参数为$1，第 5 个为$5。"
dxxy@ubuntu:~ $ sh example.sh one two three four five six
当前 Shell 脚本文件的名称为 example.sh
总共有 6 个参数，分别是 one two three four five six
第 1 个参数为 one，第 5 个为 five

1.8　用户身份与文件权限

设计 Linux 系统的初衷之一就是为了满足多个用户同时工作的需求，因此 Linux 系统必须具备很好的安全性。管理者是所有类 UNIX 系统中的超级用户，拥有最高的系统权限，能够管理系统的各项功能，如添加/删除用户、启动/关闭服务进程、开启/禁用硬件设备等。

Linux 系统的管理者是 root 用户，root 用户的身份号码（User Identification，UID）的数值为 0。在 Linux 系统中，UID 就相当于我们的身份证号码一样具有唯一性，因此可通过用户的 UID 值来判断用户的身份。

为了方便管理属于同一组的用户，Linux 系统还引入了用户组的概念。通过用户组号码（Group IDentification，GID），可以把多个用户加入同一个用户组中，方便对同一个用户组中的用户统一规定权限或指定任务。

1.8.1　passwd 命令

passwd 命令用于修改用户密码、过期时间、认证信息等，其格式为：

passwd [选项] [用户名]

普通用户只能使用 passwd 命令修改自己的用户密码，root 用户则可以修改其他用户的用户密码。

通过下面的命令，root 用户可以修改自己的用户密码：

dxxy@ubuntu:~ $ passwd
Changing password for user root.

New password: （此处输入密码值）

Retype new password: （再次输入进行确认）

passwd: all authentication tokens updated successfully.

1.8.2 文件权限

Linux 系统是通过不同的字符来区分文件类型的，例如，-表示普通文件、d 表示目录文件、l 表示链接文件、b 表示块设备文件、c 表示字符设备文件、p 表示管道文件。

在 Linux 系统中，每个文件都有所属的所有者（用户）和所属组（用户组），并且规定了文件的所有者、所属组以及其他用户对该文件的权限，如可读（r）、可写（w）、可执行（x）等。对于普通文件来说，可读表示能够读取该文件的实际内容，可写表示能够编辑、新增、修改、删除该文件的实际内容，可执行表示能够运行该文件。但是，对于目录文件来说，理解其权限设置来就不那么容易了，很多用户其实都没有真正搞明白。对目录文件来说，可读表示能够读取目录内的文件列表，可写表示能够在目录内新增、删除、重命名文件，可执行表示能够进入该目录。

文件的读、写、执行权限既可以简写为 r、w、x，也可以用数字 4、2、1 来表示，如表 1.16 所示，文件所有者、所属组，以及其他用户权限之间并无关联。

表 1.16 文件权限的字符与数字表示

权限分配	文件所有者			文件所属组			其他用户		
权限项	读	写	执行	读	写	执行	读	写	执行
字符表示	r	w	x	r	w	x	r	w	x
数字表示	4	2	1	4	2	1	4	2	1

文件权限的数字法表示是基于字符表示的权限计算而来的，其目的是简化权限的表示。例如，若某个文件的权限为 7，则代表可读、可写、可执行（4+2+1）；若权限为 6，则代表可读、可写（4+2）。

我们来看这样一个例子，现在一个文件，其所有者拥有可读、可写、可执行的权限，其所属组拥有可读、可写的权限，其他用户只有可读的权限，这个文件的权限就是 rwxrw-r--，可用数字法表示为 764。

通过 ls 命令查看的文件属性信息如图 1.36 所示。

```
dxxy@ubuntu:~$ ls -l example.sh
-rwxrw-r-- 1 dxxy dxxy 133 Dec  7 14:36 example.sh
```

图 1.36 通过 ls 命令查看的文件属性信息

图 1.36 中包含了文件类型、权限、所有者（属主）、所属组（属组）、占用的磁盘大小、修改时间和文件名称等信息。通过分析可知，该文件的类型为普通文件（-），所有者的权限为可读、可写、可执行（rwx），所属组的权限为可读、可写（rw-），其他用户只有可读权限（r--），文件占用的磁盘大小是 133 B（133），修改时间为 12 月 7 日 14 时 36 分（Dec 7 14:36），文件的名称为 example.sh。

1.8.3　chmod 命令

UNIX 系统和 Linux 系统的文件调用权限分为三级：所有者、所属组、其他用户。通过 chmod 命令可以控制文件调用权限，其格式为：

chmod [mode] [file]

其中，mode 表示权限设定字串，格式如下：

[ugoa][+-=][rwxX]

其中，u 表示该文件的所有者，g 表示与该文件所有者属于同一个用户组的用户，o 表示其他用户，a 表示所有用户（包括前面三者），+表示增加权限，-表示取消权限，=表示唯一设定权限，r 表示可读，w 表示可写，x 表示可执行，X 表示只有当该文件是子目录或者该文件已经被设定为可执行时才可以被执行。

例如，将文件 file1.txt 设为所有用户皆可读，可通过下面的命令实现：

dxxy@ubuntu:~ $ chmod ugo+r file1.txt

或

dxxy@ubuntu:~ $ chmod a+r file1.txt

若将文件 file1.txt 和文件 file2.txt 的权限设为这两个文件的所有者、所属组可写，但其他用户不可写，可使用下面的命令实现：

dxxy@ubuntu:~ $ chmod ug+w,o-w file1.txt file2.txt

此外，chmod 命令也可以用数字来表示权限，如 "chmod 777 file"，格式为：

dxxy@ubuntu:~ $ chmod abc file

其中，a、b、c 表示 3 个数字，分别表示所有者、所属组和其他用户的权限，可读用数字 4 表示，可写用数字 2 表示，可执行用数字 1 表示。例如，权限 rwx 可用 7 表示（4+2+1=7），权限 rw-可用 6 表示（4+2=6），权限 r-x 可用 5 表示（4+1=5）。下面两条命令的执行结果相同：

dxxy@ubuntu:~ $ chmod a=rwx file
dxxy@ubuntu:~ $ chmod 777 file

下面这两条命令的执行效果也相同：

dxxy@ubuntu:~ $ Chmod ug=rwx,o=x file
dxxy@ubuntu:~ $ chmod 771 file

通过命令 "chmod 4755 filename" 可以使当前用户具有和所有者相当的权限。4755 与 755 的区别在于开头多了一位，4 表示其他用户在执行文件时，具有与所有者相当的权限。

1.8.4　su 命令与 sudo 命令

su 命令用于用户的切换，通过该命令可以使当前用户在不退出登录的情况下切换到其他用户。例如，通过下面的命令可以从 root 用户切换至普通用户：

dxxy@ubuntu:~ $ su linux

需要注意的是，从 root 用户切换到普通用户时不需要密码验证，从普通用户切换成 root 用户时需要进行密码验证，这是一个必要的安全检查。例如：

dxxy@ubuntu:~ $ su root
Password:

了解如何进行用户切换后，下面介绍如何使用 sudo 命令把特定命令的执行权限赋予指定用户，这样既可保证普通用户能够完成特定的工作，也可以避免泄露 root 用户的密码。其格式为：

sudo [参数] 命令名称

sudo 命令中的常用参数及其作用如表 1.17 所示。

表 1.17　sudo 命令的常用参数及其作用

参　　数	作　　用
-h	列出帮助信息
-l	列出当前用户可执行的命令
-u 用户名或 UID 值	以指定的用户身份执行命令
-k	清空密码的有效时间，下次执行 sudo 命令时需要再次进行密码验证
-b	在后台执行指定的命令
-p	更改询问密码的提示语

例如，普通用户是无法看到 root 用户的 home 目录（/root）中的文件信息的，但只要在执行的命令前面加上 sudo 命令就可以了，如下所示：

dxxy@ubuntu:~ $ ls -al /root
ls: cannot open directory '/root': Permission denied
dxxy@ubuntu:~ $ sudo ls -al /root
total 36
drwx------　 6 root root 4096 Oct　 8 01:37 .
drwxr-xr-x 24 root root 4096 Nov　 5 09:23 ..
-rw-------　 1 root root　　 8 Oct　 8 01:37 .bash_history
-rw-r--r--　 1 root root 3106 Oct 23　 2015 .bashrc
………………省略部分输出过程信息………………

练习题 1

1.1　如何通过命令重启 Linux 系统？

1.2　如何查看当前工作目录？

1.3　如何一次性创建 4 个嵌套文件（text1、text2、text3 和 text4）？

1.4　如何最快地返回到当前用户的主目录？

1.5　如何查看目录"/etc"中的所有文件及其类型，并以人性化的长格式显示？

1.6　设置"/test/a.txt"的所有者具有可读、可写、可执行的权限，所属组具有可读、可写的权限，其他用户无权限。

1.7　如何删除目录"/tmp"中所有以"A"开头的文件？

1.8　如何把文件"/tmp/etc/man.conf"移动到"/tmp"目录中，并改名为"test.conf"，设置所有的用户都具有可读、可写、可执行的权限？

1.9　在目录"/home/user"中新建文件 f1 和 f2，并要求 f1 中的内容是目录"/root"的详细信息，f2 中的内容是目录"/root"所在磁盘分区的信息，最后将两个文件合并生成文件 f3。

知识拓展：我国对于 Linux 的贡献

2015 年 8 月 14 日，阿里巴巴集团宣布加入全球知名非营利性组织——Linux 基金会。2017 年 2 月 20 日，阿里云成为 Linux 基金会的金牌会员，是 Linux 的活跃开发者，在此之前已经为 Linux 内核提交了 290 多个 Patch，在国内互联网公司当中贡献度领先。

在加入 Linux 基金会的同时，阿里巴巴集团成为 Linux 基金会合作开源项目 Xen 的顾问委员会成员；在成为金牌会员后，不仅能支持到所有和 Linux 基金会有关联的 50 多个关键开源项目，更有助于阿里巴巴集团后续通过开源向整个业界回馈技术成果。阿里巴巴集团一直积极地在开源自主研发软件方面回馈社区，包括 TFS 分布式文件系统、Tair 存储系统、Dubbo、jStorm、RocketMQ、FastJSON、Druid、TBSchedule、otter 等。在开源中国举行的"2017 年度最受欢迎中国开源软件 Top20"的评选中，阿里巴巴集团占据五席。

阿里巴巴集团的各个团队都是发自内心地将踩过的坑和总结的经验融入开源项目中，供业界所有人参考，希望帮助他人解决问题，这正是社区的开源精神。阿里巴巴集团带动了更多的中国企业，尤其是互联网企业参与开源事业，未来 Linux 基金会将会出现更多来自中国的声音，让中国企业在技术标准上获得更大的竞争优势。

中国对 Linux 操作系统的发展与完善也做出了极大的贡献。深度操作系统(亦称为 Deepin，原名为 Hiweed Linux 及 Linux Deepin）是武汉深之度科技有限公司（简称深度科技）开发的开源操作系统。Deepin 是基于 Debian 系列稳定版本的一个 Linux 发行版，可在个人计算机和服务器上运行，个人用户可以使用。Deepin 因其美观和易用性而广受赞誉，目前 Deepin 已支持超过 40 种不同的语言，参与的社区用户和开发者超过 300 人。据 DistroWatch 的数据，截至 2017 年，Deepin 是最受欢迎的源自中国的 Linux 发行版。

第2章
嵌入式 Linux C 开发基础

2.1　C 语言概述

在自然界中，不论多么复杂的问题都可分成两个部分，一部分是问题目标，另一部分是解决方法。为了使解决方法更有效率，人们发明了很多工具，如沙漏计时器、算盘等。直到计算机的出现，才把人们从繁重的计算任务中解脱出来了。而计算机之所以拥有如此强大的计算能力，主要归功于其运算速度快，并且具有自动执行的能力。由于计算机强大的计算能力是基于一套合理的编程语言，因此学习编程语言尤为重要，而学习编程语言的主要内容之一就是学习其语法规则。

在众多的编程语言中，C 语言是一门历史悠久但生命力很强的高级语言。C 语言之所以能够久盛不衰，主要原因有以下几点。

（1）C 语言具有出色的可移植性，能在多种不同体系结构的软/硬件平台上运行。

（2）C 语言具有简洁紧凑、使用灵活的语法机制，并能直接访问硬件。

（3）C 语言具有很高的运行效率。

鉴于以上原因，很多操作系统的内核或者软件都是使用 C 语言来编写的。在嵌入式 Linux 开发领域，C 语言同样是使用最广泛的语言之一。

2.2　嵌入式 Linux C 开发工具

编程需要很多的开发工具，简单的程序也许只要编辑工具和编译工具就可以了，复杂的程序需要更多的工具辅助。下面简单介绍一些常用的嵌入式 Linux C 开发工具。

1. 编辑工具

简单来说，编辑工具就是输入代码的工具，在 Linux 系统中编程时，既可以使用 Vi 编辑器或 Vim 编辑器来编辑代码，也可以使用更加高级的 JOE、Emacs 等。

2．编译工具

编译是指将编辑好的代码转换为计算机可以识别语言的过程，因此可以将编译工具视为一个翻译器。gcc（GNU Compiler Collection，GNU 编译器套件）编译器是最常见的编译工具之一，它支持 C、C++、Java、Pascal、Fortran、COBOL 等语言。gcc 编译器是通过在命令行中执行一长串的命令（参数比较复杂）来进行编译的。例如，"hello.c -o hello"的作用是将hello.c 编译为 hello，并且，还需要为编译后的 hello 文件赋予可执行的权限，这样才能完成整个编译工作。

3．调试工具

GDB 是 GNU 开源组织发布的 UNIX 系统和 Linux 系统下的一个功能强大的调试工具。如果在 Linux 系统下编写程序，就会发现 GDB 这个调试工具比图形化调试器有更加强大的功能。

4．构建工具

一个大型软件是由多个源程序组成的，是先编译这个源程序，还是先编译那个源程序，即编译的安排，称为构建（Build）。为了能够按照顺序高效地完成编译，Linux 系统提供了make 工具，可用于大型软件的编译，并在编译前根据机器的当前状态进行相应的配置。

5．开发工具包

Linux 系统提供了优秀的 GNU C 函数库（GNU C Library，简称为 Glibc，包含文件的打开/关闭、读写，以及字符串操作等）、C 标准函数库（C Standard Library，简称为 libc，包含字符串输入/输出等）、GTK 函数库（GNOME ToolKit，简称为 GTK，Linux 系统的桌面 GNOME就是基于 GTK 库开发的）、Qt 函数库等工具包，这些工具包可以帮助开发者更加高效地编写程序。

6．项目管理工具

项目管理是指对源代码的管理。当源代码经过多次修改后，开发者很难记得每次修改的内容，因此需要项目管理工具。常见的项目管理工具有 CVS、SVN 和 Git 等，现在最常用的是 Git。

作为一个开源的系统，Linux 系统同时提供了大量的开源软件，这些软件不仅可免费使用，而且源程序也是开放的，通过研究这些优秀的代码可以提高自己的编程能力。

2.3　嵌入式编译器 gcc

在开始学习阶段，我们接触最多的工具是编译工具，其中 gcc（GNU Compiler Collection，GNU 编译器套件）是一个功能强大、结构灵活的编译工具。最值得称道的一点就是，gcc 编译器可以通过不同的前端模块来支持各种语言，如 Java、Fortran、Pascal 和 Ada 等。开放、自由和灵活是 Linux 系统的魅力所在，这一点在 gcc 编译器上得到了完美的展现。

2.3.1　初识 gcc 编译器

gcc 编译器是 GNU 发布的最著名的软件之一，其强大的功能体现在以下两个方面：

（1）gcc 编译器可以支持 x86、ARM、MIPS 等不同体系结构的硬件平台。

（2）gcc 编译器可以支持 C、C++、Pascal、Java 等高级语言。

gcc 编译器对嵌入式应用的开发极其重要，其编译效率也非常高（比其他编译工具高 20%～30%），在嵌入式 Linux C 开发中，基本上都使用 gcc 编译器。

2.3.2　gcc 命令的常用选项及编译过程

1．gcc 命令的常用选项

gcc 命令的格式为：

```
gcc [选项] [文件名] [选项] [文件名]
```

gcc 命令拥有数量庞大的选项，按类型可以把这些选项分为以下几类。

1）总体选项

总体选项用于控制编译的整个过程，常用的总体选项如表 2.1 所示。

表 2.1　gcc 命令中常用的总体选项

总 体 选 项	含 义
-c	编译、汇编指定的源文件，但不进行链接
-S	对源文件进行编译
-E	对源文件进行预处理
-o [file1] [file2]	将文件 file2 编译成可执行文件 file1
-v	显示编译阶段的命令

2）语言选项

语言选项用于支持各种版本的 C 语言程序，常用的语言选项如表 2.2 所示。

表 2.2　gcc 命令中常用的语言选项

语 言 选 项	含 义
-ansi	支持符合 ANSI 标准的 C 语言程序

3）警告选项

警告选项用于控制编译过程中产生的各种警告信息，常用的警告选项如表 2.3 所示。

表 2.3　gcc 命令中常用的警告选项

警 告 选 项	含 义
-W	屏蔽所有的警告信息
-Wall	显示所有类型的警告信息
-Werror	出现任何警告信息就停止编译

4）调试选项

调试选项用于控制调试信息，常用的调试选项如表 2.4 所示。

表 2.4　gcc 命令中常用的调试选项

调 试 选 项	含　义
-g	产生调试信息

5）优化选项

优化选项用于对目标文件进行优化，常用的优化选项如表 2.5 所示。

表 2.5　gcc 命令中常用的优化选项

优 化 选 项	含　义
-O1	对目标文件的性能进行优化
-O2	在-O1 的基础上进一步优化，提高目标文件的运行性能
-O3	在-O2 的基础上进一步优化，支持函数集成优化
-O0	不进行优化

6）链接器选项

链接器选项用于控制链接过程，常用的链接器选项如表 2.6 所示。

表 2.6　gcc 命令中常用的链接器选项

链接器选项	含　义
-static	使用静态链接
-library	链接 library 函数库文件
-L dir	指定链接器的搜索目录 dir
-shared	生成共享文件

7）目录选项

目录选项用于指定编译器的文件搜索目录，常用的目录选项如表 2.7 所示。

表 2.7　gcc 命令中常用的目录选项

目 录 选 项	含　义
-Idir	指定头文件的搜索目录 dir
-Ldir	指定搜索目录 dir

此外，还有配置选项等其他选项，读者可以在 gcc 的官方网站中查找全部配置选项，网址为 https://gcc.gnu.org/onlinedocs/gcc-10.2.0/gcc/Option-Index.html。

2．gcc 命令的编译流程

在使用 gcc 编译器时，编译过程可以分为 4 个阶段：

（1）预处理（Pre-Processing）：生成后缀名为.i 的文件。

（2）编译（Compiling）：生成后缀名为.s 的汇编文件。

（3）汇编（Assembling）：把汇编文件翻译成计算机可以识别的二进制文件，生成后缀名为.o 的目标文件。

（4）链接（Linking）：把程序中所有的目标文件和所需的库文件链接在一起，最终生成一个可以直接运行的文件。

gcc 编译器生成的可执行文件有三种格式：a.out（Assembler and Link editor output）、COFF（Common object file format）、ELF（Executable and linkable format），其中，a.out 和 COFF 格式都是比较旧的格式，现阶段的主流格式是 ELF。

下面通过一个例子来说明编译过程，代码如下：

```
#include<stdio.h>
int main()
{
    printf("Hello world!\n");
    return 0;
}
```

使用 gcc 编译器进行编译时，输入命令：

dxxy@ubuntu:~/home/dir1$ gcc ch2.1helloworld.c -o test2.1

编译后生成名为 test2.1 的可执行程序。如果不使用选项-o，那么默认生成的可执行程序是 a.out 文件。

需要注意的是，编程的文件名不要用 test，因为 test 命令是 Linux 系统的内置命令。为了验证这一点，可以通过 which 命令找到 test 命令的文件位置，命令如下：

dxxy@ubuntu:~/home/dir1$ which test
/usr/bin/test

2.3.3　库的使用

为了增加编程的效率，常见的一些函数会以工具包的形式提供给开发者，开发者直接调用这些函数即可。常见的函数有信息打印函数、文件打开或关闭函数、内存空间申请与释放函数，以及数学计算函数等。通常将这些函数的集合称为函数库，其中的函数往往都是由经验丰富的资深程序员编写的，具有出色的运行性能和工作效率。

函数库的使用方式分为静态链接和动态链接两种。静态链接是指系统在链接阶段把程序的目标文件和所需的函数库文件链接在一起，由此生成的可执行文件可以在没有函数库的情况下运行。动态链接是指系统在链接阶段并没有把目标文件和函数库文件链接在一起，程序在运行过程中需要使用函数库中的函数时才链接函数库。

相比较而言，使用静态链接方式产生的可执行文件比较大，但运行效率较高；使用动态链接方式产生的可执行文件比较小，但由于需要动态加载函数库，所以运行效率会低一点。特别要注意一点，在使用动态链接时，需要同时将函数库复制到将要运行程序（使用动态链接生成的可执行文件）的计算机中。如果将要运行程序的计算机中没有对应的函数库，那么程序是无法运行的。

在具体应用中，如果多个源文件都需要调用函数库，则应该选择动态链接的方式；如果只有少数源文件需要调用函数库，则应该选择静态链接的方式。通常可以被静态链接的函数库称为静态库，可以被动态链接的函数库称为动态库或共享库。

Glibc（GNU Library C）是 GNU 推出的 C 语言函数库，包含了大量的函数库，其中的 libc 是最基本的函数库，每个 C 语言程序都需要使用 libc。此外，常用的函数库还有数学库 libm、加密库 libcrypt、POSIX 线程库 libpthread、网络服务库 libnsl、IEEE 浮点运算库 libieee 等。Glibc 为 C 语言程序提供了大量的功能强大的函数，包括输入/输出函数、字符串处理函数、数学函数、中断处理函数、错误处理函数、日期时间函数等。

当 C 语言程序调用 Glibc 中的函数库时，需要引用与函数库对应的头文件，如 stdio.h、string.h、time.h 等。这些头文件都存放在目录"/usr/include"下。同时，在编译命令中需要加入某些函数库的链接参数（在函数库的使用文档中会列出具体的链接库名称参数），并使用符号"-l"进行链接。下面的例子使用到了数学函数库，读者可以和 2.3.2 节中的例子进行比较。

```
#include<stdio.h>
#include<math.h>
int main()
{
    printf("%d\n",sin(0));
    return 0;
}
```

由于使用了正弦函数，需要引用 math.h 头文件，因此需要在编译命令中加入"-lm"。通过下面的命令：

dxxy@ubuntu:~/home/dir1$ gcc ch2.2sin.c -o test2.2 -lm

可得到可执行文件 test2.2。在使用动态链接方式链接程序时，动态库的符号链接文件会写入二进制文件中，程序在运行时可以通过符号链接文件找到指定的动态库文件。

通过 file 命令可以查看文件 test2.2 的相关信息，如下所示：

dxxy@ubuntu:~/home/dir1$ file test2.2
test2.2: ELF 64-bit LSB executable, x86-64, version 1 (SYSV), dynamically linked, interpreter /lib64/ld-linux-x86-64.so.2, for GNU/Linux 2.6.32, BuildID[sha1] = 4c8a88a4fe9b110c668595bc61d6620234e7da4c, not stripped

其中，"dynamically linked"表明文件 test2.2 使用了动态库。通过选项 static 可以使用静态链接方式对程序进行链接。通过下面的命令：

dxxy@ubuntu:~/home/dir1$ gcc -static ch2.2sin.c -o test2.2s

可生成可执行文件 test2.2s，该文件的相关信息如下所示：

dxxy@ubuntu:~/home/dir1$ file test2.2s
test2.2s: ELF 64-bit LSB executable, x86-64, version 1 (GNU/Linux), statically linked, for GNU/Linux 2.6.32, BuildID[sha1]=e3ed047640d15975a7017d9b55db756ca0949506, not stripped

其中，"statically linked"表明 test2.2s 文件使用了静态库。

为了比较动态链接方式和静态链接方式生成的可执行文件大小，可使用命令"ls -al"来查看不同链接方式生成的可执行文件大小。

```
dxxy@ubuntu:~/home/dir1$ ls -al
-rwxrwxr-x   1 dk dk      8608 Mar    1 03:06 test2.2
-rwxrwxr-x   1 dk dk    912704 Mar    1 03:06 test2.2s
```

结果显示，test2.2 文件的大小是 8 KB 左右，而 test2.2s 文件的大小是 900 KB 左右。可见，采用动态链接方式生成的可执行文件要小于静态链接方式生成的可执行文件。

2.4　构建工具

在实际的程序开发过程中发现，仅采用 gcc 命令对程序进行编译，其效率是非常低的，原因主要有以下两点。

（1）程序往往是由多个源文件组成的，源文件的个数越多，gcc 命令就会越长。此外，各种编译规则也会增加 gcc 命令的复杂度，所以在程序的开发调试过程中，通过 gcc 命令来进行编译是非常烦琐的。我们希望计算机能够自动对源文件进行编译。

（2）在程序的开发过程中，调试的工作量往往会占到整体工作量的 70% 以上。在调试的过程中，每次调试通常只会修改部分程序。而在使用 gcc 命令编译程序时，gcc 会把那些没有修改的程序一起编译，这样就会影响总体的编译效率。我们希望计算机能够"聪明"得只编译修改过的程序。

为此我们需要使用 make 工具，该工具包含了编译规则，计算机可按照编译规则对程序进行编译。make 工具的优越性主要体现在以下两个方面。

（1）使用方便。仅通过 make 命令就可以启动 make 工具来对程序进行编译，不需要每次都输入 gcc 命令。make 工具启动后会根据 Makefile 文件中的编译规则自动对程序进行编译和链接，最终生成可执行文件。

（2）调试效率高。为了提高编译的效率，make 工具会检查每个源文件的修改时间（时间戳）。只有在上次编译之后被修改的程序才会在接下来的编译过程中被编译和链接，这样就能避免多余的编译工作量。为了保证源文件具有正确的时间戳，必须保证操作系统时间的正确性（注意：VMware Workstation 虚拟机中的系统时间是否正确）。

2.4.1　Makefile 文件

make 工具是完全根据 Makefile 文件中的编译规则进行工作的。Makefile 文件主要由以下三项基本内容组成。

（1）需要生成的目标文件（target file）。

（2）生成目标文件所需要的依赖文件（dependency file）。

（3）生成目标文件的编译规则命令（command）。

这三项内容是按照以下格式来组织的：

```
target file  :  dependency file
        command
```

其中，Makefile 文件规定在书写 command 命令前必须加一个<Tab>键。

make 工具在编译程序时会检查每个依赖文件的时间戳，一旦发现某个依赖文件的时间戳比目标文件新，就会执行目标文件的规则命令来重新生成目标文件。这个过程称为依赖规则检查。此项检查是 make 工具中最核心的工作任务之一。

下面以编译程序 test2.3（由 a.c、b.h 和 b.c 组成）为例来介绍 make 工具的工作过程。a.c 文件如下：

```
//a.c:
#include "b.h"
int main()
{
    hello();
    return 0;
}
```

b.h 文件和 b.c 文件如下：

```
//b.h:
void hello();
```

b.c 文件如下：

```
//b.c:
#include "stdio.h"
void hello()
{
    printf("hello");
}
```

Makefile 文件如下：

```
test2.3 : a.o b.o
        cc -o test2.3 a.o b.o
a.o : a.c b.h
        cc -c a.c
b.o : b.c
        cc -c b.c
```

通过 make 工具编译程序 test2.3 的过程如下：

（1）make 工具在当前工作目录下读取 Makefile 文件。

（2）查找 Makefile 文件中的第一个目标文件（在本例中为 test2.3），该文件也是 make 工具编译任务的目标文件。

（3）把目标文件 test2.3 的依赖文件当成目标文件来进行依赖规则检查。这是一个递归的检查过程，在本例中就是依次把 a.o 和 b.o 作为目标文件来检查各自的依赖规则。make 工具会根据以下三种情况进行处理：

① 如果当前工作目录下没有或缺少依赖文件，则执行其编译规则命令生成依赖文件（假如缺少 a.o 文件，则执行命令"cc -c a.c"来生成 a.o）。

② 如果存在依赖文件，则将其作为目标文件来检查依赖规则（假如 a.c 比 a.o 新，则执

行命令"cc -c a.c"来更新 a.o)。

③ 如果目标文件比所有依赖文件新,则不做处理。

(4)检查完依赖规则后,可得到目标文件 test2.3 所有的最新依赖文件。make 工具会根据以下三种情况进行处理:

① 如果目标文件 test2.3 不存在(如第一次编译),则执行编译规则命令来生成目标文件。

② 如果目标文件 test2.3 存在,但日期比依赖文件旧,则执行编译规则命令来更新 test2.3。

③ 如果目标文件 test2.3 存在,且比所有的依赖文件都新,则不做处理。

在定义好依赖关系后,Makefile 文件后续的一行定义了如何生成目标文件的命令,该行一定要以一个<Tab>键作为开头。在 Vim 编辑器中编辑 Makefile 文件,可以使用语法高亮规则。如果没有变红,说明这行命令有问题。

最后需要补充说明的是,Linux 系统的 cc 命令就是 gcc 命令。如果讨论的是 UNIX 系统和 Linux 系统,那么 cc 命令和 gcc 命令不是同一个东西。cc 编译器是 UNIX 系统的 C 语言程序编译器,是 C Compiler 的缩写。gcc 编译器是 Linux 系统的编译器,是一个编译器集合,不仅仅支持 C 或 C++语言。

如果仅讨论 Linux 系统,则 cc 命令和 gcc 命令是一样的。在 Linux 系统下使用 cc 命令时,其实际上并不指向 UNIX 的 cc 编译器,而是指向了 gcc 编译器,cc 命令是 gcc 编译器的一个链接(快捷方式)。下面的例子说明了这一情况。

```
dxxy@ubuntu:~/home/dir1$ ls -al /usr/bin | grep cc
lrwxrwxrwx   1 root root   20 Sep   3 19:46 cc -> /etc/alternatives/cc
dxxy@ubuntu:~/home/dir1$ ls -al /etc/alternatives/cc
lrwxrwxrwx 1 root root 12 Sep   3 19:45 /etc/alternatives/cc -> /usr/bin/gcc
dxxy@ubuntu:~/home/dir1$ ls -al /usr/bin | grep gcc
lrwxrwxrwx   1 root root    5 Sep   3 19:46 gcc -> gcc-5
-rwxr-xr-x   1 root root   915736 Jun 21   2018 gcc-5
```

如果 C/C++语言程序是在 UNIX 系统下编写的,在编写 Makefile 文件时自然就使用了 cc 命令。当将编写的程序放到 Linux 系统中时,就无法编译,必须将其中的 cc 命令修改成 gcc 命令。为了避免这个问题,Linux 系统的解决方案是:不修改 Makefile 文件,继续使用 cc 命令,将 cc 命令指向 gcc 编译器。

2.4.2　Makefile 文件的特性

源文件数量越多的程序,其编译规则就会越复杂,导致 Makefile 文件也越复杂。为了简化 Makefile 文件,提高编译效率,Makefile 文件提供了很多类似高级编程语言的语法机制。

1.变量的定义

在 Makefile 文件中,存在着大量的文件名,而且这些文件名都是反复出现的。在文件比较多的情况下,不仅容易漏写或错写文件名,当文件的名称发生变化时,还容易造成 Makefile 中的文件名与文件不一致的错误。因此,Makefile 文件通过变量来代替文件名,变量的使用方式为:

$(变量名)

下面的 Makefile 文件说明了变量的使用方法：

```
obj = a.o b.o
test2.4 : $(obj)
    cc -o test2.4 $(obj)
a.o : a.c b.h
    cc -c a.c
b.o : b.c
    cc -c b.c
```

上面的 Makefile 文件使用变量 obj 来代替 "a.o b.o"。当文件名称发生改动或增删文件时，只要修改变量 obj 的值就可以了，这样可以避免文件名和文件不一致的错误。Makefile 文件中变量名可以使用字符、数字和下画线，但要注意变量名对大小写是敏感的。此外，Makefile 文件还提供了灵活的变量定义方式，主要有以下几种：

（1）通过 "=" 来定义变量。例如：

```
a1= $(a2)
a2= $(a3)
a3= a.o
```

在这种方式下，变量 a1 的值是 a.o，前面的变量可以通过后面的变量来定义。但使用这种方式定义变量时，要防止出现死循环的情况。

（2）通过 ":=" 来定义变量。例如：

```
a1:= a.o
a2:= $(a1) b.o
```

在这种方式下，变量 a1 的值是 a.o，变量 a2 的值是 a.o b.o。例如：

```
a1:= $(a2) b.o
a2:= a.o
```

在这种方式下，变量 a1 的值是 b.o，而不是 "a.o b.o"。前面的变量不能通过后面的变量来定义。

（3）通过 "+=" 来定义变量。例如：

```
a1= a.o
a1+= b.o
```

在这种方式下，变量 a1 的值是 "a.o b.o"，采用这种方式可以给变量追加值。Makefile 文件的 "+=" 和 C 语言中的 "+=" 是非常相似的。

（4）通过 "?=" 来定义变量。例如：

```
a1:= a.o
a1?=b.o
```

在这种方式下，变量 a1 的值是 a.o，而不是 b.o。如果变量 a1 已经在前面定义过，那么后面的定义无效。

以上所介绍的变量都是全局变量，在整个 Makefile 文件中都是有效的。

2．自动推导功能

为了进一步简化 Makefile 文件的书写，make 工具提供了自动推导的功能。自动推导功能默认每个目标文件都有一个与之对应的依赖文件。例如，a.o 文件有依赖文件 a.c 与之对应，这样在 Makefile 文件中就不需要指定与目标文件对应的依赖文件名了。此外，自动推导功能还能推导出与目标文件对应的基本编译规则命令，如 a.o 文件的编译规则命令为"gcc -c -o a.c"。例如：

```
obj = a.o b.o
test2.4 : $(obj)
      cc -o test2.4 $(obj)
a.o : b.h          .
```

结果为：

```
dxxy@ubuntu:~/home/dir1$ make
cc   -c -o a.o a.c
cc   -c -o b.o b.c
cc   -o test2.4 a.o b.o
```

可以看到，Makefile 文件分别推导出了目标文件 a.o 和 b.o 的编译规则命令，即"cc -c -o a.o a.c"与"cc -c -o b.o b.c"。

3．文件查找

为了便于管理和组织，程序的文件都是根据功能的不同保存在不同的子目录中。但文件被分散保存后，Makefile 文件如何才能找到这些文件呢？Makefile 文件提供了以下两种方法：

（1）VPATH。VPATH 是一个特殊变量，当 make 工具在当前工作目录中找不到文件时，就会自动到 VPATH 指定的目录中去寻找。VPATH 的使用方法为：

```
VPATH = 目录 : 目录 …
```

例如：

```
VPATH= /a : /b
```

上述命令表示 make 工具在当前工作目录找不到文件时会按照顺序依次查找目录"/a"和"/b"。

（2）vpath。和 VPATH 不同的是，vpath 并不是变量而是关键字，其作用和 VPATH 类似，但使用方法更加灵活。vpath 的使用方法为：

```
vpath 模式 目录: 目录 …
```

例如：

```
vpath %.c /a : /b
```

上述命令表示 make 工具在当前工作目录找不到文件时会按照顺序依次查找目录"/a"和"/b"中所有的 C 文件。vpath 也可以对不同的目录采用不同的搜索模式。例如：

```
vpath %.c /a
vpath %.h /b
```

同理可知，make 工具在当前工作目录找不到源文件时会先查找目录 "/a" 中的 C 文件，然后查找目录 "/b" 中的头文件。例如，在 Makefile 文件中建立一个 lib 文件夹，然后把 a.c、a.h、b.c 和 b.h 文件放入 lib 中，命令如下：

```
VPATH = lib
obj = a.o b.o
test2.5 : $(obj)
        cc -o test2.5 $(obj)
```

执行结果为：

```
dxxy@ubuntu:~/home/dir1$ make
cc    -c -o a.o lib/a.c
cc    -c -o b.o lib/b.c
cc    -o test2.5 a.o b.o
```

即使将上述命令中的 "VPATH=lib" 修改成 "vpath %.h %.c lib"，执行结果也是一样的，都会在编译过程中到 lib 文件夹中寻找需要的.h 和.c 文件。

练习题 2

2.1 简述常用的嵌入式 Linux C 开发工具。

2.2 简述 gcc 命令的使用格式。

2.3 gcc 编译的过程可分为几步？每一步的主要工作是什么？

2.4 假设下面的代码保存在 dxxy 用户的目录 home 下，文件名为 Hello.c。请写出编译该程序的 gcc 命令，要求编译得到的可执行文件和代码放置在同一目录中，可执行文件的文件名为 HelloWorld。

```
#include <stdio.h>
int main()
{
    printf("Hello world!\n");
    return 0;
}
```

2.5 使用 gcc 命令生成的可执行文件有哪三种格式？现在的主流格式是什么？

2.6 简述静态链接和动态链接的优缺点。

2.7 使用 make 工具的优点有哪些？Makefile 文件内容的基本格式是什么？Makefile 文件每部分的作用是什么？在 Makefile 文件中定义变量的方式有哪些？

2.8 为下述程序编写 Makefile 文件。

```
#include <stdio.h>
#include <stdlib.h>
```

```
int x = 0;
int y = 5;
int fun1()
{
    extern p, q;
    printf("p is % d, q is % d\n", p, q);
    return 0;
}
int p = 8;
int q = 10;
int main()
{
    fun1();
    printf("x is % d, y is % d\n", x, y);
}
```

知识拓展：Git 服务平台的后起之秀——码云（Gitee）

项目管理工具 Git 可以记录开发者对源代码进行修改的记录，开发者可以更好地管理自己的代码。在多人共同开发、维护一个项目的源代码时，如果都采用 Git 的方式管理代码，并将上传至云端，那么就形成了一个小型的程序开发团队。Linux 支持开发者开源，分享自己的代码，并且鼓励所有的人对代码进行贡献，共同维护。如果代码对全世界各地的开发者都开源，并且欢迎他们进行维护，那么就需要一个能够支持网络版本的 Git 服务平台。

最出名的 Git 服务平台是 GitHub，这里介绍 Git 服务平台的后起之秀——我国深圳市奥思网络科技有限公司的码云（Gitee）。

码云的名字取自"代码"和"云平台/云服务"的合体，码云（Gitee）是专为开发者提供稳定、高效、安全的云端软件开发协作平台，由开源中国基于 Gitlab 开发，在 Gitlab 的基础上做了大量的改进和定制开发，旨在树立国内代码托管和协作开发的行业标杆，为国内开发者提供优质、稳定的代码托管服务。码云（Gitee）支持 Git 和 SVN，提供免费的私有仓库托管，目前开发者超过 500 万、托管项目超过 1000 万，汇聚了几乎所有的本土原创开源项目，并于 2016 年推出企业版，提供企业级代码托管服务。无论个人、团队，还是企业，都可以使用码云（Gitee）实现代码托管、项目管理、协作开发等。目前，码云（Gitee）已成为国内最大的代码托管服务平台。

第3章
Linux 系统的文件操作

3.1 Linux 系统的文件类型

在操作系统中，通常会运行复杂的程序和大量的数据。由于系统内存容量有限，并不能长期保存这些程序和数据，因此这些程序和数据通常会以文件的形式存放在外存（如硬盘）中，只有在需要的时候才将它们调入内存。为了对这些程序和数据进行管理，文件系统应运而生。文件系统负责管理在外存中的文件，并为用户提供存取、共享和保护等操作手段，从而保证文件的安全性，提高系统资源的利用率。Linux 系统中每个分区都是一个文件系统，都有自己的目录层次结构。Linux 系统会将这些分属不同分区的、单独的文件系统按一定的方式形成目录层次结构。Linux 系统是以文件为基础设计的，通过文件控制块（File Control Block，FCB）来管理文件，这也是人们常说"Linux 下皆文件"的原因。

在 Linux 系统中，一切都是文件，文件通常可以分为以下五种类型：

（1）普通文件：用户和 Linux 系统用于保存数据、程序等信息的文件。普通文件可分为文本文件和二进制文件，通常都被长期存放在外存中。

（2）目录文件：Linux 系统的文件系统将文件索引节点号和文件名同时保存在目录中，因此目录文件就是文件名及其索引节点号相结合的一张表。目录文件只允许 Linux 系统进行修改，用户可以读取，但不能修改。

（3）设备文件：Linux 系统把所有的外设都当成文件来处理，每一种外设都对应着一个设备文件，设备文件保存在目录"/dev"中。例如，打印机对应着文件"/dev/lp"，软盘驱动器对应着文件"/dev/fd0"。

（4）管道文件：又称为先进先出（First In First Out，FIFO）文件，是进程之间传递数据的工具。一个进程将数据写入管道的一端，另一个进程从管道的另一端读取数据。Linux 系统对管道的操作与对文件的操作是相同的，把管道作为文件来处理。

（5）链接文件：又称为符号链接文件，是一种共享文件的方法。在链接过程中，Linux 系统不是通过文件名实现文件共享的，而是通过链接文件中包含的指向原文件的指针来实现对文件的访问的。链接文件可以访问普通文件、目录文件和其他文件。

通过命令"ls -l"可以查看 Linux 系统中文件的类型和属性。例如：

```
dxxy@ubuntu:~$ ls -l
total 54328
-rw-rw-r-- 1 dxxy dxxy          0 Dec   7 13:29 a.log
-rw-rw-r-- 1 dxxy dxxy          0 Dec   7 13:30 b.log
drwxrwxr-x 4 dxxy dxxy       4096 Dec   8 16:44 code
drwxr-xr-x 2 dxxy dxxy       4096 Oct   8 01:19 Desktop
………………省略部分输出过程信息………………
```

返回结果的第 1 个字符表示文件的类型。第 1 个字符和文件类型的对应关系如表 3.1 所示。

表 3.1   第 1 个字符和文件类型的对应关系

第 1 个字符	对应的文件类型
-	普通文件
d	目录文件
l	链接文件，指向另一个文件，类似于 Windows 系统中的快捷方式
c	字符设备
b	块设备
p	管道文件
f	堆栈文件

3.2   Linux 系统的文件描述符

当打开某个文件时，操作系统会返回相应的文件描述符，文件描述符是一个正整数。通常，在启动一个进程时，都会打开三个文件（标准输入文件、标准输出文件和标准出错处理文件），这三个文件对应的文件描述符分别是 0、1 和 2，也就是宏替换 STDIN_FILENO、STDOUT_FILENO 和 STDERR_FILENO。相比于文件描述符，宏替换更加直观，推荐使用宏替换。例如，输入函数 scanf 使用 STDIN_FILENO，输出函数 printf 使用 STDOUT_FILENO。通过文件描述符可以修改文件默认的设置，并将进程中的输入/输出重新定向到不同的文件。

在访问文件时，如果调用的是 write、read、open 和 close 等函数（不带缓存的文件 I/O 操作涉及的函数），则必须使用到文件描述符；如果调用的是 fwrite、fread、fopen 和 fclose 等函数（带缓存的文件 I/O 操作涉及的函数），则可以不用文件描述符，因为与这些函数对应的是文件流。

接下来依次介绍不带缓存的文件 I/O 操作涉及的函数、带缓存的文件 I/O 操作涉及的函数，以及格式化输入/输出函数。

3.3   不带缓存的文件 I/O 操作涉及的函数

不带缓存的文件 I/O 操作主要涉及 6 个函数，分别是 creat、open、read、write、lseek 和 close。

3.3.1　creat 函数

creat 函数用于创建文件，该函数的说明如表 3.2 所示。

表 3.2　creat 函数的说明

相关函数	read、write、fcntl、close、link、stat、umask、unlink、fopen
头文件	#include<sys/types.h> #include<sys/stat.h> #include<fcntl.h>
函数原型	int creat(const char * pathname, mode_t mode);
函数说明	参数 pathname 表示要创建的文件，creat 函数相当于通过下面的方式来调用 open 函数： open(const char * pathname ,(O_CREAT|O_WRONLY|O_TRUNC));
错误代码	EEXIST：参数 pathname 表示的文件已存在。EACCESS：参数 pathname 表示的文件不符合所要求测试的权限。EROFS：要打开的具有写入权限的文件保存在只读文件系统中。EFAULT：参数 pathname 对应的指针超出了可存取的内存空间。EINVAL：参数 mode 不正确。ENAMETOOLONG：参数 pathname 太长。ENOTDIR：参数 pathname 表示的是一个目录。ENOMEM：内存不足。ELOOP：参数 pathname 中有过多的符号连接问题。EMFILE：已达到进程可同时打开文件数量的上限。ENFILE：已达到系统可同时打开文件数量的上限
返回值	creat 函数会返回所创建文件的文件描述符，若发生错误则会返回-1，并将错误代码存入 errno 中
附加说明	creat 函数无法创建设备文件，如果需要创建设备文件请使用 mknod 函数

例如，ch3.1creat.c（详见本书配套资源中的代码）的内容如下：

```
#include <stdio.h>
#include <stdlib.h>
#include <fcntl.h>
void create_file(char *filename)
{
    if (creat(filename, 0755) < 0)
    {
        printf("create file %s failure!\n", filename);
        exit(EXIT_FAILURE);
    }
    else
    {
        printf("create file %s success!\n", filename);
    }
}
int main(int argc, char *argv[])
{
```

```
        int i;
        if (argc < 2)
        {
            printf("you haven't input the filename,please try again!\n");
            exit(EXIT_FAILURE);
        }
        for (i = 1; i < argc; i++)
        {
            create_file(argv[i]);
        }
        exit(EXIT_SUCCESS);
}
```

通过 gcc 命令可以将上述文件编译为可执行文件 creat，运行结果如下：

dxxy@ubuntu:~/chapter3/ch3.1creat$ ./creat file1 file2 file3
create file file1 success!
create file file2 success!
create file file3 success!

采用上述程序，可以一次创建一个文件，也可一次创建多个文件。

在 Linux 系统中创建一个新的文件或者目录时，这些新的文件或目录都会有默认的访问权限。当用户在创建一个文件或目录时，除了需要考虑文件的默认访问权限，还需要系统的 umask 值（可以通过 umask 命令来查看）。umask 值表示需要从默认访问权限中去掉哪些权限，以确定最终的访问权限。文件的访问权限是由文件的默认访问权限和 umask 值共同决定的。

在 ch3.1creat.c 中，文件的默认访问权限为 0755，其中，"0" 与特殊权限有关，"755" 分别表示文件的所有者、所属组和其他用户的访问权限。如果 umask 值为 0022，则表示从所属组和其他用户的访问权限减去 2，即减去可写权限，最终的文件访问权限-rwxr-xr-x。

3.3.2　open 函数

open 函数用于打开文件，该函数的说明如表 3.3 所示。

表 3.3　open 函数的说明

相关函数	read、write、fcntl、close、link、stat、umask、unlink、fopen
头文件	#include<sys/types.h> #include<sys/stat.h> #include<fcntl.h>
函数原型	int open(const char * pathname, int flags); int open(const char * pathname,int flags, mode_t mode);

续表

函数说明	（1）参数 pathname 表示要打开的文件。 （2）参数 flags 表示打开文件时的操作标志（也称为旗标），下面三个是主标志，主标志是互斥的，但必须设置一个： O_RDONLY：以只读的方式打开文件。 O_WRONLY：以只写的方式打开文件。 O_RDWR：以可读、可写的方式打开文件。 下面的标志是副标志，副标志不能单独使用，必须和一个主标志通过或（|）运算符来组合使用： O_CREAT：设置 O_CREAT 后，若要打开的文件不存在，则自动建立该文件。 O_EXCL：在未设置 O_CREAT，而设置 O_EXCL 时，open 函数会检查文件是否存在。若文件不存在则创建该文件，否则将导致打开文件错误。若 O_CREAT 与 O_EXCL 同时被设置，且将要打开的文件为符号链接，则会返回打开文件失败。 O_NOCTTY：设置 O_NOCTTY 后，如果参数 pathname 指向的是终端设备，则不能将该设备当成控制终端。 O_TRUNC：设置 O_TRUNC 后，如果文件存在并且是以可写的方式打开的，则会将该文件的长度清 0，原来保存在该文件中的资料也会丢失。 O_APPEND：设置 O_APPEND 后，在对文件进行读写操作时，会从文件末尾开始移动，也就是说，写入的数据会以附加的方式加在文件最后。 O_NONBLOCK：设置 O_NONBLOCK 后，能够以不可阻断的方式打开文件。 O_NDELAY：作用同 O_NONBLOCK。 O_SYNC：设置 O_NDELAY 后，能够以同步的方式打开文件。 O_NOFOLLOW：设置 O_NOFOLLOW 后，如果参数 pathname 指向的文件是符号链接，则会使打开文件失败。 O_DIRECTORY：设置 O_DIRECTORY 后，如果参数 pathname 所指向的文件不是目录，则会使打开文件失败。该标志是 Linux 2.2 及以上版本特有的，其目的是避免一些系统安全问题。 （3）参数 mode 可以选择以下值，只有在创建新文件时参数 mode 才会生效。由于文件的访问权限会受到 umask 值的影响，该文件的访问权限是 mode 值减去 umaks 值。 S_IRWXU：00700 权限，表示该文件的所有者具有可读、可写及可执行的权限。 S_IRUSR 或 S_IREAD：00400 权限，表示该文件的所有者具有可读的权限。 S_IWUSR 或 S_IWRITE：00200 权限，表示该文件的所有者具有可写的权限。 S_IXUSR 或 S_IEXEC：00100 权限，表示该文件的所有者具有可执行的权限。 S_IRWXG：00070 权限，表示该文件的所属组具有可读、可写及可执行的权限。 S_IRGRP：00040 权限，表示该文件的所属组具有可读的权限。 S_IWGRP：00020 权限，表示该文件的所属组具有可写的权限。 S_IXGRP：00010 权限，表示该文件的所属组具有可执行的权限。 S_IRWXO：00007 权限，表示其他用户具有可读、可写及可执行的权限。 S_IROTH：00004 权限，表示其他用户具有可读的权限。 S_IWOTH：00002 权限，表示其他用户具有可写的权限。 S_IXOTH：00001 权限，表示其他用户具有可执行的权限

返回值	如果所有的访问权限都通过了，则返回 0；否则返回−1
错误代码	EEXIST：参数 pathname 所指向的文件已存在，却使用了 O_CREAT 和 O_EXCL。 EACCESS：参数 pathname 所指向的文件不符合所要求测试的访问权限。 EROFS：欲测试可写权限的文件保存在只读的文件系统内。 EFAULT：参数 pathname 的指针超出了可存取的内存空间。 EINVAL：参数 mode 不正确。 ENAMETOOLONG：参数 pathname 太长。 ENOTDIR：参数 pathname 不是目录。 ENOMEM：内存不足。 ELOOP：参数 pathname 有过多符号连接问题。 EIO：I/O 存取错误
附加说明	使用 access 函数进行用户认证时要特别小心，例如，在 access 函数后使用 open 函数对空文件进行操作可能会造成系统安全上的问题

例如，ch3.2open.c 文件（详见本书配套资源中的代码）的内容如下：

```
#include <stdio.h>
#include <stdlib.h>
#include <unistd.h>
#include <fcntl.h>
int main(int argc, char *argv[])
{
    int fd;
    if (argc < 2)
    {
        puts("please input the open file pathname!\n");
        exit(1);
    }
    if ((fd = open(argv[1], O_CREAT | O_RDWR, 0755)) < 0)
    {
        perror("open file failure!\n");
        exit(1);
    }
    else
    {
        printf("open file fd=%d    success!\n", fd);
    }
    close(fd);
    exit(0);
}
```

在上述代码中，如果 open 函数中的参数 flags 有 O_CREAT，则表示当打开的文件不存在时会自动创建该文件，创建的文件的访问权限由第三个参数（mode）决定，此处为 0755。如果参数 flags 没有 O_CREAT，则第三个参数不起作用；此时，若要打开的文件不存在，则会报错。因此，"fd=open(argv[1],O_RDWR)"表示仅打开指定的文件。

通过 gcc 命令将上述文件编译成可执行文件 open，运行结果如下：

```
dxxy@ubuntu:~/chapter3/ch3.2open$ ./open file1
open file fd=3    success!
```

3.3.3　read 函数

read 函数用于从已打开的文件读取数据，该函数的说明如表 3.4 所示。

表 3.4　read 函数的说明

相关函数	readdir、write、fcntl、close、lseek、readlink、fread
头文件	#include<unistd.h>
函数原型	ssize_t read(int fd,void * buf ,size_t count);
函数说明	read 函数会把参数 fd 所指向文件中的 count 个字节传输到指针 buf 所指向的内存中。若参数 count 为 0，则 read 函数不会起作用并返回 0。read 函数的返回值是实际读取到的字节数，如果返回 0，表示已到达文件尾或没有可以读取的数据。此外，文件的读写位置会随读取到的字节移动
附加说明	read 函数会返回实际读到的字节数，比较返回值与参数 count，若返回值比 count 小，则有可能是读到了文件的末尾，也有可能是从管道（pipe）或终端机读取数据，还有可能是 read 函数被信号中断了读取过程。当有错误发生时 read 函数返回−1，并将错误代码存入 errno 中，而且无法预测文件的读写位置
错误代码	EINTR：read 函数的读取过程被信号中断。 EAGAIN：当使用不可阻断 I/O（O_NONBLOCK）时，若无数据可读取则返回此值。 EBADF：参数 fd 不是有效的文件描述符，或该文件已关闭

3.3.4　write 函数

write 函数用于将数据写入已打开的文件内，该函数的说明如表 3.5 所示。

表 3.5　write 函数的说明

相关函数	open、read、fcntl、close、lseek、sync、fsync、fwrite
头文件	#include<unistd.h>
函数原型	ssize_t write (int fd,const void * buf,size_t count);
函数说明	write 函数会把指针 buf 所指向内存 count 个字节写入到参数 fd 所指向的文件内。文件读写位置也会随之移动
返回值	如果顺利，write 函数会返回实际写入的字节数。当有错误发生时则返回-1，并将错误代码存入 errno 中
错误代码	EINTR：write 函数的写入过程被信号中断。 EAGAIN：当使用不可阻断 I/O 时（O_NONBLOCK），若无数据可读取则返回此值。 EADF：参数 fd 非有效的文件描述符，或该文件已关闭

3.3.5　lseek 函数

lseek 函数用于移动文件的读写位置，该函数的说明如表 3.6 所示。

表 3.6   lseek 函数的说明

相关函数	dup、open、fseek
头文件	#include<sys/types.h> #include<unistd.h>
函数原型	off_t lseek(int fildes,off_t offset, int whence);
函数说明	每个已打开的文件都有一个读写位置，在打开文件时通常其读写位置指向文件开头，若以附加的方式打开文件（如 O_APPEND），则读写位置会指向文件末尾。当调用 read 函数或 write 函数时，读写位置会随之增加，lseek 函数是用来控制文件的读写位置的。参数 fildes 表示已打开文件的文件描述符；参数 offset 表示根据参数 whence 来移动读写位置的位移量；参数 whence 为以下值中的一种： SEEK_SET：参数 offset 即新的读写位置。 SEEK_CUR：在目前的读写位置往后增加 offset 个位移量。 SEEK_END：将读写位置指向文件末尾后再增加 offset 个位移量。 当参数 whence 为 SEEK_CUR 或 SEEK_END 时，参数 offset 允许出现负值。下列是较特别的使用方式：想要将读写位置移到文件开头时，可调用函数 lseek(int fildes, 0, SEEK_SET)；想要将读写位置移到文件末尾时，可调用函数 lseek(int fildes, 0, SEEK_END)；想要获取目前文件位置时，可调用函数 lseek(int fildes, 0, SEEK_CUR)
返回值	当 lseek 函数调用成功后会返回当前的读写位置，也就是距离文件开头有多少个字节；若有错误则返回-1，将错误代码保存在 errno 中
附加说明	在 Linux 系统中，不允许使用 lseek 函数对终端设备进行操作，该操作会使 lseek 函数返回 ESPIPE

3.3.6   close 函数

close 函数用于关闭文件，该函数的说明如表 3.7 所示。

表 3.7   close 函数的说明

相关函数	close、open、read、write
头文件	#include<stdio.h>
函数原型	int close(int fd);
函数说明	close 函数用来关闭通过 open 函数打开的文件
返回值	若 close 函数执行成功则返回 0，若发生错误则返回-1，并将错误代码保存到 errno 中
错误代码	EBADF 表示参数 fd 不是已打开文件的文件描述符

3.3.7   经典范例：文件复制

例如，ch3.3fileCopy.c（详见本书配套资源中的代码）是一个经典的文本复制程序，具体内容如下：

```
#include <fcntl.h>
#include <stdio.h>
#include <errno.h>
#include <stdlib.h>
```

```c
#include <string.h>
#include <unistd.h>
#define BUFFER_SIZE 1000
int main(int argc, char *argv[])
{
    int from_fd, to_fd;
    int bytes_read, bytes_write;
    char buffer[BUFFER_SIZE];
    char *ptr;
    int readTimes = 0;
    if (argc != 3)
    {
        fprintf(stderr, "Usage:%s fromfile tofile/n/a", argv[0]);
        exit(1);
    }
    if ((from_fd = open(argv[1], O_RDONLY)) == -1)        /*打开原文件*/
    {
        fprintf(stderr, "Open %s Error:%s/n", argv[1], strerror(errno));
        exit(1);
    }
    /*创建目的文件*/
    if ((to_fd=open(argv[2], O_WRONLY|O_CREAT, S_IRUSR |S_IWUSR)) == -1)
    {
        fprintf(stderr, "Open %s Error:%s/n", argv[2], strerror(errno));
        exit(1);
    }
    /*以下代码是复制文件的代码*/
    while (bytes_read = read(from_fd, buffer, BUFFER_SIZE))
    {
        readTimes++;
        printf("readTimes= %d, read Byte number= %d\n", readTimes, bytes_read);
        if ((bytes_read == -1) && (errno != EINTR))
            break;
        else if (bytes_read > 0)
        {
            ptr = buffer;
            while (bytes_write = write(to_fd, ptr, bytes_read))
            {
                if ((bytes_write == -1) && (errno != EINTR))
                    break;
                else if (bytes_write == bytes_read)    /*写完了所有读取到的字节*/
                    break;
                else if (bytes_write > 0)              /*只写了一部分字节，继续写*/
                {
                    ptr += bytes_write;
                    bytes_read -= bytes_write;
                }
```

```
        }
        if (bytes_write == -1)                      /*写的时候发生了错误*/
            break;
        }
    }
    close(from_fd);
    close(to_fd);
    exit(0);
}
```

上述的文件复制程序的运行流程是先打开一个文件，然后将文件内容全部复制到新的文件中。通过 gcc 命令将上述文件编译为可执行文件 fileCopy，运行结果如下：

dxxy@ubuntu:~/chapter3/ ch3.3fileCopy$ ./ filecopy ch3.3fileCopy.c new1
readTimes= 1, read Byte number= 1000
readTimes= 2, read Byte number= 1000
readTimes= 3, read Byte number= 480

读者可以思考一下，如何在终端中验证文件 new1 的内容是否和原文件相同。

3.4 带缓存的文件 I/O 操作涉及的函数

标准 I/O 库提供缓存的目的是减少读写函数的使用次数，对每个 I/O 流自动进行缓存管理，可提高效率。但标准 I/O 库中最令人困惑的也是它的缓存。本节主要介绍带缓存的文件 I/O 操作涉及的函数。

3.4.1 标准 I/O 库中的缓存类型

标准 I/O 库提供了三种类型的缓存。

1. 全缓存

采用全缓存时，只有在填满标准 I/O 缓存后才进行实际的 I/O 操作。对于保存在磁盘上的文件来说，标准 I/O 库通常采用全缓存。在一个 I/O 流上首次执行 I/O 操作时，需要调用标准 I/O 库中的 malloc 函数来获取所需的缓存。

缓存冲洗函数用于说明 I/O 缓存的写操作。缓存既可以由标准 I/O 例程自动冲洗，也可以调用 fflush 函数冲洗一个 I/O 流。需要注意的是，在 Linux 系统中，冲洗有两方面的意思：一是在标准 I/O 库方面，冲洗可以将缓存中的内容写到磁盘上；二是在终端驱动程序方面，冲洗表示丢弃存储在缓存中的数据。

2. 行缓存

采用行缓存时，只有在输入和输出中遇到换行符的情况下，才进行 I/O 操作。采用行缓存可以一次输出一个字符，但只有在写了一行之后才进行实际 I/O 操作。当一个 I/O 流涉及终端时，通常使用行缓存。

3．不带缓存

采用不带缓存时，标准 I/O 库不对字符进行缓存。例如，如果采用标准 I/O 库中的 fputs 函数将 15 个字符写入不带缓存的 I/O 流中，则 fputs 函数通常会调用 write 函数来将这些字符写入已打开的相关联的文件中。标准错误流通常采用不带缓存，目的是尽快地将出错信息显示出来，而不用考虑出错信息中是否包含换行符。

在默认的情况下，标准错误流采用不带缓存，涉及终端的 I/O 流采用行缓存，其他情况采用全缓存。对一个给定的 I/O 流，如果要更换默认的缓存类型，则可以调用下列函数之一来更改缓存类型。

```
void setbuf(FILE *restrict fp, char *restrict buf)
int setvbuf(FILE *restrict fp, char *restrict buf,int mode,size_t size)
```

例如，ch3.4buffer.c 文件（详见本书配套资源中的代码）的内容如下：

```c
#include <stdio.h>
#include <stdlib.h>
#include <fcntl.h>
#include <unistd.h>
int globa = 4;
int main (void )
{
    pid_t pid;
    int vari = 4;
    printf ("before fork\n" );
    pid = fork() ;
    if ( pid < 0 ){
        printf ("fork error\n");
        exit (0);
    }
    else if (pid == 0){
        globa++ ;
        vari--;
        printf("Child changed: ");
    }
    else
        printf("Parent did not changed: ");
    printf("globa = %d vari = %d\n", globa, vari);
    exit(0);
}
```

通过 gcc 命令将 ch3.4buffer.c 编译成可执行文件 buffer，运行结果如下：

```
//输出到标准输出
dxxy@ubuntu :~/chapter3/ch3.4buffer$ ./buffer
before fork
Parent did not changed: globa = 4 vari = 4
```

Child changed: globa = 5 vari = 3

//重定向到文件
dxxy@ubuntu :~/chapter3/ch3.4buffer$ ./buffer > temp
dxxy@ubuntu :~/chapter3/ch3.4buffer$ cat temp
before fork
Parent did not changed: globa = 4 vari = 4
before fork
Child changed: globa = 5 vari = 3

对比上面两段程序运行结果可发现二者的差别在于多了一句"before fork"。原因在于，标准输出采用的是行缓存，会很快被新的一行冲掉；而重定向采用的是全缓存，当调用 fork 函数时，显示结果中的"before fork"仍保存在缓存中，并随着数据复制到子进程的缓存中。因此，这一行就分别进入父/子进程的输出缓存中，余下的输出就接在了这一行的后面。

3.4.2 fopen 函数

fopen 函数用于打开文件，该函数的说明如表 3.8 所示。

表 3.8 fopen 函数的说明

相关函数	open、fclose
头文件	#include<stdio.h>
函数原型	FILE * fopen(const char * path,const char * mode);
函数说明	参数 path 表示要打开的文件。参数 mode 表示文件流的形态，mode 具有以下可选项： R：以只读的方式打开文件，文件必须存在。 r+：以可读、可写的方式打开文件，文件必须存在。 w：以只写的方式打开文件，若文件存在则将文件长度清 0，即该文件中的内容会丢失；若文件不存在则创建该文件。 w+：以可读、可写的方式打开文件，若文件存在则将文件长度清 0，即该文件内容会丢失；若文件不存在则创建该文件。 a：以附加的方式和只写的方式打开文件，若文件不存在，则创建该文件；若文件存在，则将写入的数据附加在文件的末尾，文件原先的内容会被保留。 a+：以附加的方式和可读、可写的方式打开文件，若文件不存在，则创建该文件；若文件存在，则将写入的数据附加在文件的末尾，文件原先的内容会被保留。 上述的可选项都可以再加一个 b 字符，如 rb、w+b 或 ab＋等，加入 b 字符的目的是告诉标准 I/O 库打开的文件是二进制文件，而非纯文本文件。但在 POSIX 系统中，Linux 系统通常都会忽略该字符。 由 fopen 函数创建的新文件具有 S_IRUSR|S_IWUSR|S_IRGRP|S_IWGRP|S_IROTH|S_IWOTH（0666）的访问权限，该访问权限会受到 umask 值的影响
返回值	成功打开文件后，fopen 函数会返回指向该文件的文件指针；若果文件打开失败，则返回 NULL，并将错误代码保存到 errno 中
附加说明	通常，用户在打开文件后会进行一些读写操作，若打开文件失败，则无法进行后续的读写操作，所以在调用 fopen 函数后需要进行错误判断并进行相应的处理

3.4.3　fclose 函数

fclose 函数用于关闭文件，该函数的说明如表 3.9 所示。

表 3.9　fclose 函数的说明

相关函数	close、fflush、fopen、setbuf
头文件	#include<stdio.h>
函数原型	int fclose(FILE * stream);
函数说明	fclose 函数用来关闭通过 fopen 函数打开的文件，该函数会将缓存中的数据写入文件，并释放系统所提供的文件资源
返回值	若成功关闭文件则返回 0；若发生错误则返回 EOF，并将错误代码保存到 errno 中
错误代码	EBADF 表示参数 stream 不是已打开的文件

3.4.4　fwrite 函数

fwrite 函数用于将数据写到文件中，该函数的说明如表 3.10 所示。

表 3.10　fwrite 函数的说明

相关函数	fopen、fread、fseek、fscanf
头文件	#include<stdio.h>
函数原型	size_t fwrite(const void * ptr,size_t size,size_t nmemb,FILE * stream);
函数说明	fwrite 函数用来将数据写入文件中，参数 stream 表示已打开文件的文件指针，参数 ptr 指向要写入数据的地址，要写入的数据数量由参数 size*nmemb 决定。fwrite 函数返回的是实际写入的数量 nmemb
返回值	返回实际写入的数据数量 nmemb

例如，ch3.5fwrite.c 文件（详见本书配套资源中的代码）的内容如下：

```c
#include <stdio.h>
#include <stdlib.h>
#include <errno.h>
#include <string.h>
#define set_buffer(x, y) \
{
    strcpy(buffer[x].name, y);
    buffer[x].size = strlen(y);
}
#define nmemb 3
struct test
{
    char name[20];
    int size;
} buffer[nmemb];
int main()
{
```

```
            FILE *stream;
            set_buffer(0, "Linux!");
            set_buffer(1, "FreeBSD!");
            set_buffer(2, "Windows2000.");
            stream = fopen("tmp", "w+");
            if (NULL == stream)
            {
                printf("errno = %d\n", errno);
                exit(1);
            }
            else
            {
                fwrite(buffer, sizeof(struct test), nmemb, stream);
                fclose(stream);
            }
        }
```

通过 gcc 命令将上述文件编译为可执行文件 fwrite，运行结果如下：

```
dxxy@ubuntu:~/chapter3/ ch3.5fwrite$ ./fwrite
dxxy@ubuntu:~/chapter3/ ch3.5fwrite$ ls -l
total 28
-rwxrw-rw- 1 dxxy dxxy    1306 Oct 19 22:12 ch3.5fwrite.c
-rwxrwxr-x 1 dxxy dxxy 16960 Oct 24 17:35 fwrite
-rw-rw-r-- 1 dxxy dxxy      72 Oct 24 17:35 tmp
```

在上述文件中，使用的是 w+选项，如果 tmp 文件不存在就会自动创建该文件，程序运行后可生成 tmp 文件。用 Vim 编辑器打开 tmp 文件，在命令模式中输入":%!xxd"命令，即可采用十六进制的形式查看 tmp 文件，该文件中没有写的区域都填充了 0x00（十六进制数）。

3.4.5　fread 函数

fread 函数用于从文件中读取数据，该函数的说明如表 3.11 所示。

表 3.11　fread 函数的说明

相关函数	fopen、fwrite、fseek、fscanf
头文件	#include<stdio.h>
函数原型	size_t fread(void * ptr,size_t size,size_t nmemb,FILE * stream);
函数说明	fread 函数用来从文件中读取数据。参数 stream 为已打开文件的文件指针，参数 ptr 指向用来存放要读取数据的空间，要读取的数据数量由参数 size*nmemb 来决定。fread 函数执行成功后会返回实际读取到的数据数量，如果返回值比参数 nmemb 小，则代表可能读到了文件末尾或发生了错误，这时必须调用 feof 函数或 ferror 函数来判定发生的情况
返回值	返回实际读取到的数据数量

例如，ch3.6fread.c 文件（详见本书配套资源中的代码）的内容如下：

```
#include <stdio.h>
#define nmemb 3
struct test
{
```

```
        char name[20];
        int size;
} buffer[nmemb];
int main()
{
        FILE *stream;
        int i;
        i = sizeof(struct test);
        printf("sizeof(struct test)=%d\n", i);
        stream = fopen("tmp", "r");
        fread(buffer, sizeof(struct test), nmemb, stream);
        fclose(stream);
        for (i = 0; i < nmemb; i++)
        printf("name[%d]=%-20s:size[%d]=%d\n", i, buffer[i].name, i, buffer[i].size);
}
```

通过 gcc 命令将上述文件编译成可执行文件 fread，运行结果如下：

```
dxxy@ubuntu:~/chapter3/ ch3.6fread$ ./fread
sizeof(struct test)=24
name[0]=Linux!              :size[0]=6
name[1]=FreeBSD!            :size[1]=8
name[2]=Windows2000.        :size[2]=12
```

本程序读取 tmp 文件内容，如果目录下没有 tmp 文件可以复制 3.4.4 节程序中生成的 tmp 文件。printf 函数中使用 "%-20s"，表示字符串采用左对齐的方式来显示，不足部分用空格补齐，如果超过 20 个字符则显示完整的字符串。

3.4.6　fseek 函数

fseek 函数用于移动文件的读写位置，该函数的说明如表 3.12 所示：

表 3.12　fseek 函数的说明

相关函数	rewind、ftell、fgetpos、fsetpos、lseek
头文件	#include<stdio.h>
函数原型	int fseek(FILE * stream,long offset,int whence);
函数说明	fseek 函数用来移动文件的读写位置,参数 stream 表示已打开文件的文件指针,参数 offset 是根据参数 whence 来移动读写位置的位移量。参数 whence 的取值如下： SEEK_SET：距离文件开头 offset 个字符的位置为新的读写位置。 SEEK_CUR：在目前的读写位置往后增加 offset 个字符。 SEEK_END：将读写位置指向文件末尾后再增加 offset 个字符。 当 whence 值为 SEEK_CUR 或 SEEK_END 时，参数 offset 允许使用负值。下面是比较特别的使用方式： 要想将读写位置移动到文件开头，可使用 "fseek(FILE * stream,0,SEEK_SET);"。 要想将读写位置移动到文件末尾，可使用 "fseek(FILE * stream,0,0SEEK_END);"
返回值	当调用成功时则返回 0；若发生错误则返回－1，并将错误代码存放在 errno 中
附加说明	fseek 函数不像 lseek 函数那样会返回读写位置，因此必须使用 ftell 函数来获取当前的读写位置

例如，ch3.7fseek.c 文件（详见本书配套资源中的代码）的内容如下：

```
#include <stdio.h>
int main()
{
    FILE *stream;
    long offset;
    fpos_t pos;
    stream = fopen("/etc/passwd", "r");
    fseek(stream, 5, SEEK_SET);
    printf("offset=%d\n", ftell(stream));
    rewind(stream); //rewind 回到文件的起点
    fgetpos(stream, &pos);
    printf("offset=%d\n", pos);
    pos.__pos = 10;
    fsetpos(stream, &pos);
    printf("offset=%d\n", ftell(stream));
    fclose(stream);
}
```

通过 gcc 命令将上述文件编译成可执行文件 fseek，运行结果如下：

```
dxxy@ubuntu:~/chapter3/ ch3.7fseek$ ./fseek
offset=5
offset=0
offset=10
```

3.4.7　fgetc、getc 和 getchar 函数

fgetc、getc 和 getchar 函数属于标准 I/O 库中的函数，调用这三个函数时只要包含头文件 stdio.h 即可。这三个函数的作用都是读取 1 个字符的数据。

1．fgetc 函数

fgetc 函数用于从文件中读取 1 个字符的数据，该函数的说明如表 3.13 所示。

表 3.13　fgetc 函数的说明

相关函数	fopen、fread、fscanf、getc
头文件	#include<stdio.h>
函数原型	int fgetc(FILE * stream);
函数说明	fgetc 函数用来从参数 stream 所指向的文件中读取 1 个字符；若读到文件末尾而无数据则返回 EOF
返回值	fgetc 函数返回的是读取到的字符；若返回 EOF 则表示读取到文件末尾

例如，ch3.8fget.c 文件（详见本书配套资源中的代码）的内容如下：

```
#include <stdio.h>
int main()
{
```

```
    FILE *fp;
    int c;
    fp = fopen("ch3.8fgetc.c", "r");
    while ((c = fgetc(fp)) != EOF)
        printf("%c", c);
    fclose(fp);
}
```

通过 gcc 命令将上述文件编译成可执行文件 fgetc，运行结果如下：

```
dxxy@ubuntu:~/chapter3/ ch3.8fgetc$ ./fgetc
#include <stdio.h>
int main()
{
    FILE *fp;
    int c;
    fp = fopen("ch3.8fgetc.c", "r");
    while ((c = fgetc(fp)) != EOF)
        printf("%c", c);
    fclose(fp);
}
```

2．getc 函数

getc 函数用于从文件中读取 1 个字符，该函数的说明如表 3.14 所示。

表 3.14　getc 函数的说明

相关函数	read、fopen、fread、fgetc
头文件	#include<stdio.h>
函数原型	int getc(FILE * stream);
函数说明	getc 函数用来从参数 stream 所指向的文件中读取 1 个字符；若读到文件末尾而无数据则返回 EOF。虽然 getc 函数的作用与 fgetc 函数相同，但 getc 函数为宏定义，并非真正的函数调用
返回值	getc 函数返回的是读取到的字符；若返回 EOF 则表示读到了文件末尾

3．getchar 函数

getchar 函数用于从标准输入（stdin）中读取 1 个字符，该函数的说明如表 3.15 所示。

表 3.15　getchar 函数的说明

相关函数	fopen、fread、fscanf、getc
头文件	#include<stdio.h>
函数原型	int getchar(void);
函数说明	getchar 函数用来从标准输入中读取 1 个字符，将该字符的类型从 unsigned char 转换成 int 后作为函数的返回值
返回值	getchar 函数返回的是读取到的字符；若返回 EOF 则表示发生错误
附加说明	getchar 函数非真正函数，而是 getc 函数的宏定义

例如，ch3.9getchar.c 文件（详见本书配套资源中的代码）的内容如下：

```
#include <stdio.h>
int main()
{
    FILE *fp;
    int c, i;
    for (i = 0; i < 5; i++)
    {
        c = getchar();
        putchar(c);
    }
    putchar('\n');
}
```

通过 gcc 命令将上述文件编译为可执行文件 getchar，运行结果如下：

```
dxxy@ubuntu:~/chapter3/ ch3.9getchar$ ./getchar
123456789
12345
```

从上述程序的流程来看，每当输入 1 个字符时，都会获取输入的字符并进行回显；当输入 5 个字符后，应当输出换行符（\n）并结束程序。但在实际运行时却发现输入多个字符后等待按下回车键，程序才会进行后续的处理。如果没有按下回车键，则不会进行回显。从程序运行的过程和结果可以看出，标准输入（控制台）采用的是行缓存。

3.4.8 fputc、putc 和 putchar 函数

fputc、putc 和 putchar 函数属于标准 I/O 库中的函数，调用这三个函数时只要包含头文件 stdio.h 即可。这三个函数的作用都是写入 1 个字符的数据。

1．fputc 函数

fputc 函数用于将指定的 1 个字符写入文件中，该函数的说明如表 3.16 所示。

表 3.16　fputc 函数的说明

相关函数	fopen、fwrite、fscanf、putc
头文件	#include<stdio.h>
函数原型	int fputc(int c,FILE * stream);
函数说明	fputc 函数将参数 c 转为 unsigned char 后写入参数 stream 指定的文件中
返回值	fputc 函数返回的是写入的字符，即参数 c；若返回 EOF 则表示写入失败

例如，ch3.10fputc.c 文件（详见本书配套资源中的代码）的内容如下：

```
#include <stdio.h>
int main()
{
    FILE *fp;
```

```
char a[27] = "abcdefghijklmnopqrstuvwxyz\n";
int i;
fp = fopen("tmp", "w");
if (NULL == fp)
{
    printf("errno = %d\n", errno);
    exit(1);
}
else
{
    for (i = 0; i < 27; i++)
        fputc(a[i], fp);
    fclose(fp);
}
}
```

通过 gcc 命令将上述文件编译成可执行文件 fputc，通过 cat 命令可以查看写入 tmp 文件的字符，运行结果如下：

```
dxxy@ubuntu:~/chapter3/ch3.10fputc$ ./ fputc
dxxy@ubuntu:~/chapter3/ch3.10fputc$ cat tmp
abcdefghijklmnopqrstuvwxyz
```

2．putc 函数

putc 函数用于将指定的 1 个字符写入文件中，该函数的说明如表 3.17 所示。

表 3.17　putc 函数的说明

相关函数	fopen、fwrite、fscanf、fputc
头文件	#include<stdio.h>
函数原型	int putc(int c,FILE * stream);
函数说明	putc 函数将参数 c 转为 unsigned char 后写入参数 stream 指定的文件中。虽然 putc 函数的作用与 fputc 函数相同，但 putc 函数为宏定义，非真正的函数调用
返回值	putc 函数返回成功写入的字符，即参数 c；若返回 EOF 则表示写入失败

3．putchar 函数

putchar 函数用于将指定的字符写入标准输出（stdout），该函数的说明如表 3.18 所示。

表 3.18　putchar 函数的说明

相关函数	fopen、fwrite、fscanf、fputc
头文件	#include<stdio.h>
函数原型	int putchar (int c);
函数说明	putchar 函数用来将参数 c 字符写到标准输出
返回值	putchar 函数返回成功写入的字符，即参数 c；若返回 EOF 则表示写入失败
附加说明	putchar 函数非真正函数，而是 putc(c,stdout)的宏定义

3.4.9　字符串读取函数 fgets 与 gets

fgets 函数与 gets 函数都可以实现读取字符串的功能，区别在于，gets 函数可以无限读取，不会判断上限，所以使用时应该确保缓存足够大，以便在执行读操作时不发生溢出。也就是说，gets 函数并不检查缓存的空间大小，事实上该函数也无法检查缓存的空间。当用户通过键盘输入的字符数量大于缓存的最大界限时，gets 函数也不会对其进行任何检查。而 fgets 函数最大的改进就是能够读取指定大小的数据，从而避免 gets 函数存在的缓存溢出问题。

由此可见，gets 函数是极不安全的，因此建议使用 fgets 函数来替换 gets 函数，这也是大多程序员的做法。

1．fgets 函数

fgets 函数用于从文件中读取字符串，该函数的说明如表 3.19 所示。

表 3.19　fgets 函数的说明

相关函数	fopen、fread、fscanf、getc
头文件	#include<stdio.h>
函数原型	char * fgets(char * s,int size,FILE * stream);
函数说明	fgets 函数用来从参数 stream 所指向的文件中读取字符串，并保存到参数 s 所指向的缓存中，直到出现换行符、读到文件末尾或者已读取了 size−1 个字符为止，该函数会在字符串最后加上 NULL 来表示字符串的结束
返回值	fgets 函数若成功则返回 s 指针；返回 EOF 则表示有错误发生

例如，ch3.11fgets.c 文件（详见本书配套资源中的代码）的内容如下：

```c
#include <stdio.h>
#include <string.h>
int main(void)
{
    FILE *stream;           //FILE 是一种数据类型，是管理文件流的一种结构
    char string[] = "This is a test\n";
    char msg[20];
    stream = fopen("tmp", "w+");
    fwrite(string, strlen(string), 1, stream);
    fseek(stream, 0, SEEK_SET);
    fgets(msg, strlen(string) + 1, stream);
    printf("%s", msg);
    fclose(stream);
    return 0;
}
```

通过 gcc 命令将上述文件编译成可执行文件 fgets，运行结果如下：

```
dxxy@ubuntu:~/chapter3/ ch3.11fgets$ ./fgets
This is a test
dxxy@ubuntu:~/chapter3/ch3.11fgets$ cat tmp
This is a test
```

通过 ls 命令可以看到增加的 tmp 文件；通过 cat 命令可以查看 tmp 文件的内容，显示"This is a test"。

2．gets 函数

gets 函数用于从标准输入读取字符串，该函数的说明如表 3.20 所示。

表 3.20　gets 函数的说明

相关函数	fopen、fread、fscanf、fgets
头文件	#include<stdio.h>
函数原型	char * gets(char *s);
函数说明	gets 函数用来从标准输入读取字符串并保存到参数 s 所指向的缓存中，直到出现换行符或读到文件末尾（EOF）为止，该函数会在字符串最后加上 NULL 来表示字符串的结束
返回值	gets 函数若成功则返回 s 指针；返回 NULL 则表示有错误发生
附加说明	由于 gets 函数无法知道字符串的大小，因此容易造成缓存溢出，建议使用 fgets 函数取代

例如，ch3.12gets.c 文件（详见本书配套资源中的代码）的内容如下：

```
#include <stdio.h>
int main(void)
{
    char str1[5];
    gets(str1);
    printf("%s\n", str1);
}
```

通过 gcc 命令将上述文件编译成可执行文件 gets，运行结果如下：

```
dxxy@ubuntu:~/chapter3/ch3.12gets$ ./gets
1234
1234
dxxy@ubuntu:~/chapter3/ch3.12gets$ ./gets
123456
123456
*** stack smashing detected ***: terminated
Aborted (core dumped)
```

gets 函数可以一直从标准输入读取字符串，不会判定上限，所以在编程时应确保缓存的空间足够大，以免发生缓存溢出。当标准输入的字符串超过了预留的空间，系统会给出溢出警告提示，虽然程序可以继续运行，但这是很危险的。在编译 gets 函数时，会出现警告提示：

```
warning: implicit declaration of function 'gets'
warning: the 'gets' function is dangerous and should not be used.
```

因为 gets 函数比较危险，因此 C11 标准删除了该函数。

3.5 格式化输入/输出函数

3.5.1 格式化输入函数：scanf、fscanf 和 sscanf

格式化输入函数有 scanf、fscanf 和 sscanf，这三个函数都用于数据输入。scanf 从标准输入（stdin）读取格式化输入，fscanf 从一个流读取格式化输入，sscanf 从字符串读取格式化输入。可以理解为：scanf 从控制台输入，fscanf 从文件输入，sscanf 从指定字符串输入。

1．scanf 函数

scanf 函数用于从标准输入读取格式化输入，该函数的说明如表 3.21 所示。

表 3.21　scanf 函数的说明

相关函数	fscanf、snprintf
头文件	#include<stdio.h>
函数原型	int scanf(const char * format,…);
函数说明	scanf 函数可根据参数 format 来转换并格式化输入的数据，format 是格式化字符串。format 的一般形式为 "%[*][size][l][h]type"，中括号括起来的参数为选择性参数，"%"与"type"是必需的参数。 "*"：表示数据是从流中读取的，如果被忽略，则不存储在对应的参数中。 size：表示允许输入数据的长度。 l：表示输入数据保存为 long int 或 double 类型。 h：表示输入数据保存为 short int 类型。 参数 type 可选择项如下： d：表示将输入数据转换成有符号十进制数（int）。 i：表示将输入数据转换成有符号十进制数，若输入数据以"0x"或"0X"开头，则转换成十六进制数，若以"0"开头则转换成八进制数。 o：表示将输入数据转换成无符号八进制数。 u：表示将输入数据转换成无符号整数。 x：表示将输入数据转换成无符号十六进制数，转换后保存为 unsigned int 类型。 X：同 x。 f：表示将输入数据转换成有符号浮点数，转换后保存为 float 类型。 e：同 f。 E：同 f。 g：同 f。 s：表示将输入数据转换成以空格字符终止的字符串。 c：表示将输入数据转换成单一字符。 []：表示只允许读取括号内的字符，如"[a~z]"。 [^]：表示不允许读取^符号后的字符，如"[0~9]"
返回值	scanf 函数执行成功则返回参数数目；失败则返回 EOF，并将错误代码保存在 errno 中

2. fscanf 函数

fscanf 函数用于从一个流读取格式化输入，该函数的说明如表 3.22 所示。

表 3.22　fscanf 函数的说明

相关函数	scanf、sscanf
头文件	#include<stdio.h>
函数原型	int fscanf(FILE * stream ,const char *format,…);
函数说明	fscanf 函数可以从参数 stream 所指向的流读取字符串，并根据参数 format 来转换并格式化输入的数据。参数 format 的一般形式请参考表 3.21
返回值	fscanf 函数执行成功则返回参数数目；失败则返回 EOF，并将错误代码保存在 errno 中

例如，ch3.13fscanf.c 文件（详见本书配套资源中的代码）的内容如下：

```
#include <stdio.h>
int main()
{
    int i;
    unsigned int j;
    char s[5];
    float f;
    fscanf(stdin,"%d %x %5[a-z] %*s %f", &i,&j,s,&f);
    printf("%d %d %s %f \n", i,j,s,f);
}
```

通过 gcc 命令将上述文件编译成可执行文件 fscanf，运行结果如下：

```
dxxy@ubuntu:~/chapter3/ch3.13fscanf$ ./fscanf
-1000 10 abcdefg 1.23
-1000 16 abcde 1.230000
dxxy@ubuntu:~/chapter3/ch3.13fscanf$ ./fscanf
-1000 10 a2b 1.23
-1000 16 a 1.230000
```

在上面的程序中，"%5[a-z]"表示最多输入 5 个字符，并且字符的范围是 a～z，不允许其他类型的输入。在本程序中，输入的字符串最多允许 5 个字符，并且遇到数字就会停止，而不是跳过数字去读取字符串。

3. sscanf 函数

sscanf 函数用于从字符串读取格式化输入，该函数的说明如表 3.23 所示。

表 3.23　sscanf 函数的说明

相关函数	scanf、fscanf
头文件	#include<stdio.h>
函数原型	int sscanf (const char *str,const char * format,…);

函数说明	sscanf 函数可以根据参数 format 来转换并格式化参数 str 所指向的字符串数据,参数 format 的一般形式请参考表 3.21
返回值	sscanf 函数执行成功则返回参数数目;失败则返回 EOF,并将错误代码保存在 errno 中

例如,ch3.14sscanf.c 文件(详见本书配套资源中的代码)的内容如下:

```
#include <stdio.h>
#include <string.h>
int main(int argc, char *argv[])
{
    int i = 1;
    unsigned int j = 2;
    char input[] = "10    0x10    aaaaaaaa    bbbbbbbb 1.23 ";
    char s1[5], s2[5];
    float f = 1.1;
    if (strcmp(argv[1], "1") == 0)
    {
        sscanf(input, "%d %x %[a-z] %*s %f", &i, &j, s1, &f);
    }
    else
    {
        sscanf(input, "%d %x %5[a-z] %*s %f", &i, &j, s1, &f);
    }

    printf("i=%d j=%d s1=%s f=%f\n", i, j, s1, f);
}
```

通过 gcc 命令将上述文件编译为可执行文件 sscanf,运行结果如下:

```
dxxy@ubuntu:~/chapter3/ch3.14sscanf$ ./sscanf    1
i=10 j=16 s1=aaaaaaaa f=1.230000
dxxy@ubuntu:~/chapter3/ch3.14sscanf$ ./sscanf    2
i=10 j=16 s1=aaaaa f=1.100000
```

在上面的程序中,当输入的参数是 1 时,结果是"i=10 j=16 s1=aaaaaaaa f=1.230000"。当输入的参数不是 1 时,结果是"i=10 j=16 s1=aaaaa f=1.100000"。由于"%5[a-z]"只允许输入 5 个字符,导致后面的 2 个 aa 引起了%f 的错误识别,从而没有识别出来变量 f,所以变量 f 保持原值。

3.5.2 格式化输出函数:printf、fprintf 和 sprintf

格式化输出函数有 printf、fprintf 和 sprintf,这三个函数都用于数据的格式化输出,但它们的输出目标不同。

1. printf 函数

printf 函数用于将数据格式化输出到标准输出(stdout),该函数的说明如表 3.24 所示。

表 3.24　printf 函数的说明

相关函数	scanf、snprintf
头文件	#include<stdio.h>
函数原型	int printf(const char * format,…);
函数说明	printf 函数会根据参数 format 来转换并格式化输出数据，然后将数据输出到标准输出（stdout），直到出现 "\0" 为止。参数 format 包含三种类型的字符：一般文本字符（直接输出），ASCII 控制字符（如\t、\n 等），以及格式字符。格式转换由一个百分比符号（%）及后面的格式字符组成，一般而言，每个%在其后都必须由一个 printf 函数的参数与之相对应（只有转换字符 "%%" 才能直接输出 "%"），输出数据的类型必须与对应的格式字符类型相同。format 的一般形式为 "%[flags] [width] [prec]type"，其中，中括号括起来的参数不是必需的，%与 type 是必需的。 （1）参数 type。对于不同类型的参数，如整数、浮点型数、字符及字符串，参数 type 的可选项如下： 　整数：%d 表示将参数中的整数转换成有符号的十进制整数；%u 表示将参数中的整数转换成无符号的十进制整数；%o 表示将参数中的整数转换成无符号的八进制整数；%x 表示将参数中的整数转换成无符号的十六进制整数，大于 9 的数字用 abcdef 表示；%X 表示将参数中的整数转换成无符号的十六进制整数，大于 9 的数字用 ABCDEF 表示。 　浮点型数：%f 表示将 double 型的参数转换成十进制数，小数点后保留 6 位数字，四舍五入；%e 表示将 double 型的参数以指数形式输出，小数点前保留 1 位数字，小数点后保留 6 位数字，指数部分会以小写的 e 来表示；%E 的作用与%e 相同，其区别是前者的指数部分将以大写的 E 来表示；%g 表示将自动选择%f 或%e 的格式来输出 double 型的参数，选择的依据是数字的大小，以及设置的有效位数；%G 的作用与%g 相同，其区别是前者的指数以%E 格式输出。 　字符及字符串：%c 表示将整型参数转换成 unsigned char 类型后输出；%s 表示将字符串逐字输出，直到出现 NULL 为止；%p 表示 "void *" 类型的指针使用十六进制形式输出。 （2）参数 prec。该参数用于对参数 type 中格式字符进行说明。对于整数类型的格式字符（如%d、%u、%o、%x、%X），prec 用于指定数字的最小位数。对于浮点型数的格式字符（如%f、%e、%E、%g、%G），prec 用于指定小数点后的位数。对于字符及字符串的格式字符（如%c、%s、%p），prec 用于指定输出的最大字符数。 （3）参数 width。该参数用于指定 printf 函数中参数的最小长度，若该参数并非数值，是 "*"，则以下一个参数作为参数长度。 （4）参数 flags。该参数有下列几种情况： 　-：使输出的数据向左对齐。 　+：在输出的负数前增加一个负号，在输出的正数前增加一个正号。 　#：其作用根据格式字符的不同而不同。例如，%#o 会在输出的八进制数增加一个 o；%#x 则会在输出的十六进制数增加一个 0x；%#e、%#E、%#f、%#g 或%#G 会在输出的数值前增加小数点；%#g 或%#G 会使输出的数值保留小数点和小数末尾的 0。 　0：在指定填充的数字左边放置 0，在默认情况下，该标志是关闭的，此时会填充空白字符
返回值	若 printf 函数执行成功，则返回实际输出的字符数；若执行失败则返回−1，并将错误代码保存到 errno 中

例如，ch3.15printf.c 文件（详见本书配套资源中的代码）的内容如下：

```
#include <stdio.h>
int main()
{
    int i = 150;
    int j = -100;
    double k = 3.14159;
    printf("%d    %f    %x\n", j, k, i);
    printf("%2d    %*d\n", i, 2, i);
}
```

通过 gcc 命令将上述文件编译为可执行文件 printf，运行结果如下：

```
dxxy@ubuntu:~/chapter3/ ch3.15printf$ ./printf
-100    3.141590    96
150    150
```

2．fprintf 函数

fprintf 函数用于将数据格式化输出到文件，该函数的说明如表 3.25 所示。

表 3.25　fprintf 函数的说明

相关函数	printf、fscanf、vfprintf
头文件	#include<stdio.h>
函数原型	int fprintf(FILE * stream, const char * format,…);
函数说明	fprintf 函数会根据参数 format 来转换并格式化输出的数据，将格式化后的数据输出到参数 stream 指定的文件中，直到出现文件结束标志为止。关于参数 format 的说明请参考 printf 函数
返回值	若 fprintf 函数执行成功，则返回实际输出的字符数；若执行失败则返回-1，并将错误代码保存到 errno 中

例如，ch3.16fprintf.c 文件（详见本书配套资源中的代码）的内容如下：

```
#include <stdio.h>
int main()
{
    int i = 150;
    int j = -100;
    double k = 3.14159;
    fprintf(stdout, "%d    %f    %x \n", j, k, i);
    fprintf(stdout, "%2d    %*d\n", i, 2, i);
}
```

通过 gcc 命令将上述文件编译成可执行文件 fprintf，运行结果如下：

```
dxxy@ubuntu:~/chapter3/ ch3.16fprintf$ ./fprintf
-100    3.141590    96
150    150
```

3．sprintf 函数

sprintf 函数用于将数据格式化输出到字符串，相当于复制字符串，该函数的说明如表 3.26 所示。

表 3.26　sprintf 函数的说明

相关函数	printf、sprintf
头文件	#include<stdio.h>
函数原型	int sprintf(char *str,const char * format,…);
函数说明	sprintf 函数会根据参数 format 来转换并格式化输出数据，将格式化后的数据输出到参数 str 所指向的字符串中，直到出现字符串结束标志为止。关于参数 format 的说明请参考 printf 函数
返回值	若 sprintf 函数执行成功，则返回参数 str 指向的字符串长度；若执行失败则返回－1，并将错误代码保存到 errno 中
附加说明	使用 sprintf 函数要注意缓存溢出，建议使用 snprintf 函数

例如，ch3.17sprintf.c 文件（详见本书配套资源中的代码）的内容如下：

```
#include <stdio.h>
int main()
{
    char *a = "This is string A!";
    char buf[80];
    sprintf(buf, ">>> %s<<<\n", a);
    printf("%s", buf);
}
```

通过 gcc 命令将上述文件编译成可执行文件 sprintf，运行结果如下：

```
dxxy@ubuntu:~/chapter3/ ch3.17sprintf$ ./sprintf
>>> This is string A!<<<
```

练习题 3

3.1　Linux 系统中的文件可分为几类？

3.2　Linux 系统中的文件描述符有哪些？

3.3　Linux 系统中的文件访问权限包括几种？

3.4　Linux 系统中的用户级别有几种？

3.5　在终端中运行"ls -ltr"命令，其结果如下，请对这两个文件的文件类型、访问权限进行说明。

```
-rwxr-xr-x 1 root root    6713 Feb 15   2015 arm_ser_motion
drwxr-xr-x 8 root root    4096 Dec 22 17:12 few
```

3.6 什么是文件描述符？在启动进程时，会打开哪三个文件？这三个文件的文件描述符分别是什么？

3.7 简述带缓存和不带缓存的文件 I/O 操作的区别。

3.8 简述缓存的三种类型。

3.9 简述 fgets 与 gets 函数的区别，并说明使用 gets 函数时需要注意的地方。

3.10 简述 fputc、putc 和 putchar 函数的区别。

3.11 简述格式化输入函数 scanf、fscanf 和 sscanf 的用法区别。

3.12 简述格式化输出函数 printf、sprintf 和 fprintf 的用法区别。

前 3 章主要介绍了 Linux 系统及嵌入式 Linux C 的基础知识，均是在 PC 上运行 Linux 系统并进行简单编程的。在实际应用中，有些场合只需要处理简单的任务，如果在每个场合均配置 PC，则成本是非常高的。因此，希望能够有一个低成本的平台，这就是嵌入式系统。

4.1 嵌入式开发板简介

一块完整的嵌入式开发板包括微处理器、存储器、输入/输出设备、数据总线和外部资源接口等部分。嵌入式开发板可以运行 Linux 系统，能让初学者迅速掌握嵌入式系统的开发方法，验证接口或程序的可行性。如果将嵌入式开发板上的外设去除掉，只保留最小的运行结构，就构成了核心板，也称为最小硬件系统或最小系统板。本书使用的嵌入式开发板是在荔枝派（Lichee）Zero 核心板的基础上构建的。荔枝派 Zero 核心板的外观如图 4.1 所示。荔枝派 Zero 核心板具有小巧的尺寸结构，以及丰富的输入/输出接口。

图 4.1　荔枝派 Zero 核心板的外观

嵌入式开发板可以看成一个微型 PC，有自己的微处理器、存储器、控制器等。PC 和嵌入式开发板的结构如图 4.2 所示。

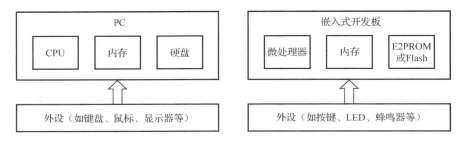

图 4.2　PC 和嵌入式开发板的结构

PC 的处理器（CPU）采用的是 x86 架构，而嵌入式开发板中的微处理器大部分采用 ARM 架构。架构上的差异，导致嵌入式开发板无法使用 Windows、Mac OS 等系统，大多使用嵌入式 Linux 系统。嵌入式系统的特点是以应用为中心，软硬件可裁减，适用于对功能、可靠性、成本、体积、功耗等有严格要求的场景。简单地说，由于 PC 需要满足多种功能和用途，外设应尽可能丰富；而嵌入式系统是针对具体使用场景来设计的，可以去掉不需要的功能，因此嵌入式系统具有软件代码小、高度自动化、响应速度快等特点，尤其适合实时、多任务的应用。嵌入式系统通常不使用硬盘作为存储介质，大多使用 E2PROM（Electrically Erasable Programmable Read Only Memory，电可擦可编程只读存储器）或 Flash（闪存）作为存储介质。

核心板可以看成一个简单到极致的 PC，不能单独起任何实际作用，还需要外设的配合。核心板相当于一个总指挥，对各种外设进行统一的指挥调度。本书采用的嵌入式开发板如图 4.3 所示。

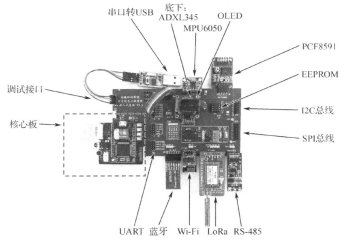

图 4.3　嵌入式开发板

图 4.3 所示的嵌入式开发板包括核心板（虚线框内）和底板两大部分。核心板采用的是荔枝派 Zero 核心板，该核心板除了有 V3s 主控芯片、内存和 TF 卡槽，还有通信接口、以太网接口、电源线（MicroUSB）接口等。底板是由根据开发需求加入的各种外设构成的，主要

有 LED、蜂鸣器、按键、SPI 总线设备、I2C 总线设备和 UART 设备等。

嵌入式开发板的开发逻辑如图 4.4 所示，本书是按照这个开发逻辑来展开叙述的，遵循从简单到复杂的规律，循序渐进地引导读者学习嵌入式 Linux 接口开发技术。

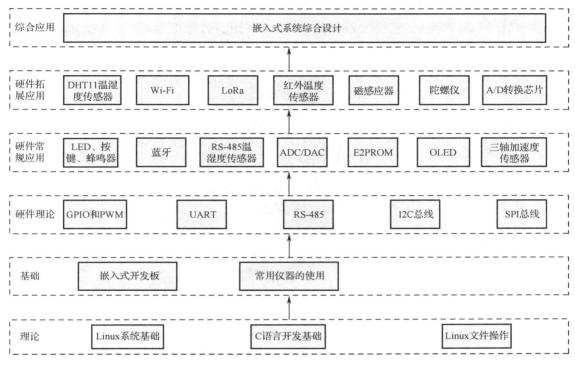

图 4.4 嵌入式开发板的开发逻辑

4.1.1 嵌入式开发板的核心板

嵌入式开发板的核心板采用的是荔枝派 Zero 核心板。荔枝派 Zero 核心板的实物和接口如图 4.5 所示。

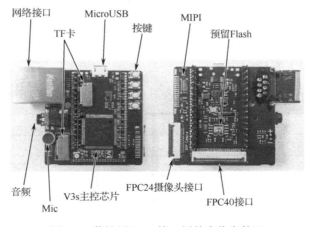

图 4.5 荔枝派 Zero 核心板的实物和接口

荔枝派 Zero 核心板采用全志科技（Allwinner Technology）的 V3s 微处理器作为主控芯片，该微处理器采用 ARM Cortex-A7 内核，主频为 1.2 GHz，内置 64 MB 的 DDR2 内存，集成了 UART、SPI 总线、I2C 总线、PWM、ADC 等低速外设，以及 OTG USB、MIPI CSI、EPHY、RGB LCD 等外设接口，支持 Flash。荔枝派 Zero 核心板可通过 MicroUSB 接口供电，从板载的 TF 卡启动 Linux 系统。荔枝派 Zero 核心板共 30 个引脚，如图 4.6 所示。GPIO 接口可以复用为 UART、PWM 或者 I2C 总线等。

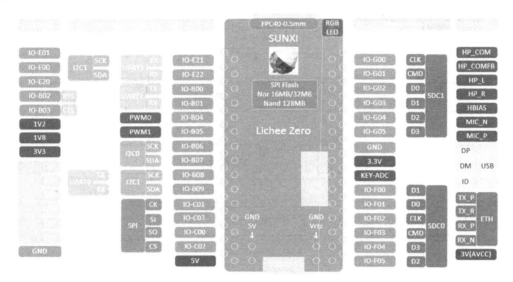

图 4.6　荔枝派 Zero 核心板的引脚

1．GPIO 接口

通用输入/输出（General Purpose Input Output，GPIO）接口既可以用于输出也可以用于输入。当微控制器或芯片组没有足够的 I/O 接口，或系统需要进行远程串行通信或控制时，GPIO 接口还能够提供额外的控制和监视功能。每个 GPIO 接口可通过软件分别配置成输入模式或输出模式。

荔枝派 Zero 核心板将 GPIO 接口的引脚分成了五组，分别是 B 组、C 组、E 组、F 组和 G 组。IO-F05 为第 1 号引脚，荔枝派 Zero 核心板的引脚按逆时针顺序排列。荔枝派 Zero 核心板的引脚定义如表 4.1 所示。

表 4.1　荔枝派 Zero 核心板的引脚定义

引脚号	名　　称	引脚号	名　　称
1	IO-F05/SDC0_D2	2	IO-F04/SDC0_D3
3	IO-F03/SDC0_CMD	4	IO-F02/SDC0_CLK
5	IO-F01/SDC0_D0	6	IO-F00/SDC0_D1
7	KEY-ADC	8	VDD_3.3V
9	GND_0V	10	IO-G05/SDC1_D3

引脚号	名　　称	引脚号	名　　称
11	IO-G04/SDC1_D2	12	IO-G03/SDC1_D1
13	IO-G02/SDC1_D0	14	IO-G01/SDC1_CMD
15	IO-G00/SDC1_CLK	16	IO-E21/UART1_TX/I2C1_SCK
17	IO-E21/UART1_RX/I2C1_SDA	18	IO-B00/UART2_TX
19	IO-B01/UART2_RX	20	IO-B04/PWM0
21	IO-B05/PWM1	22	IO-B06/I2C0_SCK
23	IO-B07/I2C0_SDA	24	IO-B08/UART0_TX/I2C2_SCK
25	IO-B09/UART0_RX/I2C2_SDA	26	IO-C01/SPI_CLK
27	IO-C03/SPI_MOSI	28	IO-C00/SPI_MISO
29	IO-C02/SPI_CS	30	VDD_5V

2．接口复用

嵌入式系统除了要使用 GPIO 接口，还要通过 I2C 总线接口、UART 接口或 SPI 总线接口与外设进行通信，这些接口是与 GPIO 接口复用的。在表 4.1 中，接口名称"/"的左半部分是 GPIO 接口，右半部分是复用接口的名称。例如，第 27 号引脚的名称为 IO-C03/SPI_MOSI，该接口既可以当成 GPIO 接口 C03 来使用，又可以当成 SPI 总线的 MOSI 接口来使用；又如，第 24 号引脚既可以当成 GPIO 接口 B08 来使用，又可以当成 UART0 的 TX 接口来使用，还可以当成 I2C 总线的 SCK 接口来使用。

3．TF 卡

由于荔枝派 Zero 核心板没有内置存储芯片，因此在安装嵌入式 Linux 系统时需要将一张 TF 卡插入到核心板的 TF 卡槽中。TF 卡又称为 MicroSD，具有体积小巧、性能优秀、价格便宜的优点，得到了广泛的应用。建议读者使用存储容量大于 8 GB 的 TF 卡。

4．网络接口

荔枝派 Zero 核心板提供了一个网络接口，插上网线并进行设置后即可正常上网。网络接口不仅可以用来连接网络，还可以用于网络调试，网络调试可以提高开发效率。

除了以上四个部分，荔枝派 Zero 核心板还提供了丰富的外设接口，有兴趣的读者可以访问荔枝派官方网站的相关资料。

4.1.2　嵌入式开发板的底板

图 4.7 所示为嵌入式开发板的底板，底板与核心板采用双列直插的接口，非常方便用户自行安装。核心板和底板的接口原理图如图 4.8 所示。

1．核心板与通信接口模块

这一部分是嵌入式开发板的核心板及其与底板之间的连接，负责将核心板的引脚连接到底板，采用双列直插的接口，非常方便用户安装核心板。核心板和底板的接口原理图如图 4.8 所示。

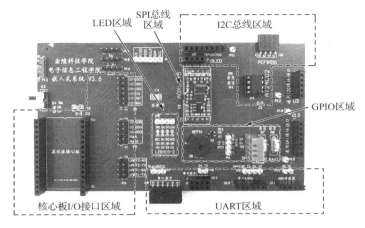

图 4.7　嵌入式开发板的底板

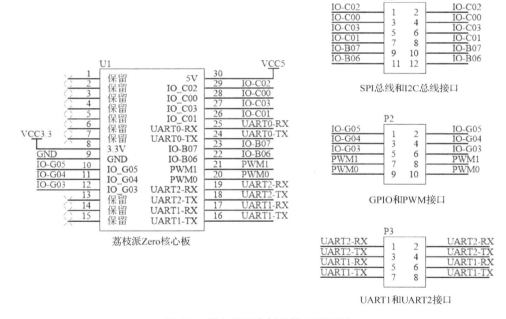

图 4.8　核心板和底板的接口原理图

2．调试接口与电源接口模块

调试接口与电源接口模块有两个功能：一个功能是通过调试接口来连接 PC 和嵌入式系统，实现串口调试；另一个功能是负责供电，通过 PC 的 USB 接口来为嵌入式系统提供正常工作所需的电压。电源接口与调试接口如图 4.9 所示，其中的 K1 是单刀双掷开关，用于控制嵌入式开发板的供电。

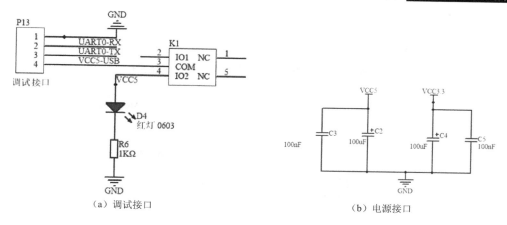

（a）调试接口　　　　　　　　　（b）电源接口

图 4.9　电源接口与调试接口

3．UART 模块

UART 属于异步通信，其特点是不需要时钟线。本书使用的嵌入式开发板预留了蓝牙、Wi-Fi、LoRa 和串口转 RS-485，共四种模块。蓝牙和 Wi-Fi 是常见的短距离无线通信方式；LoRa（Long Range Radio，远距离无线电）在城镇的传输范围为 2～5 km，在郊区可达 15 km，是一种非常实用的物联网传输技术；RS-485 常用于工业环境的远距离有线通信。UART 模块的接口如图 4.10 所示。

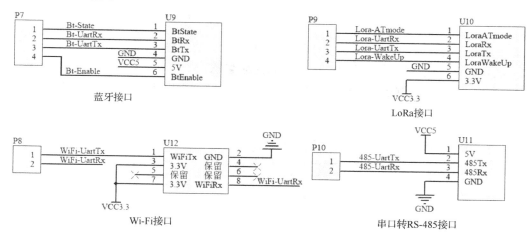

图 4.10　UART 模块的接口

4．I2C 总线模块

I2C 总线的特点是支持多个设备通信，使用 7 bit 的地址空间，保留了 16 个地址，最多可以支持 112 个设备进行通信，在超高速的模式下，传输速率可以达到 5 Mbps。理论上讲，7 bit 的地址空间可以支持 2^7 个设备，由于 16 个地址具有特殊定义，因此只能支持 112 个设备。I2C 总线模块的接口如图 4.11 所示。

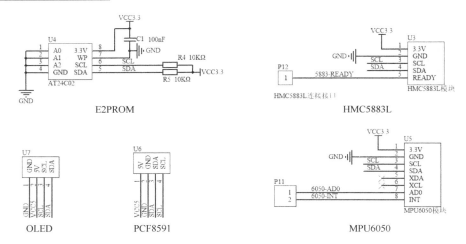

图 4.11　I2C 总线模块的接口

本书所使用的嵌入式开发板具有丰富的 I2C 总线设备，如 E2PROM、OLED、PCF8591 和 MPU6050，这些设备采用一主多从的方式进行通信，可最大程度地节约核心板的 I/O 接口资源。E2PROM 是一种可反复擦除和编程的存储芯片；OLED 是一种有机发光屏幕，具有高亮度、低功耗的特点；PCF8591 是一个单片集成、单独供电、低功耗、8 位 CMOS 数据获取器，具有 4 个模拟输入、1 个模拟输出和 1 个串行 I2C 总线接口；MPU6050 是一款包含加速器与陀螺仪的六轴传感器。

5．SPI 总线模块

SPI 总线分为三线和四线模式，分别对应半双工和全双工模式，本书使用的是四线全双工模式。嵌入式开发板的底板使用 SPI 总线的模块为 ADXL345，它是一款小巧的低功耗三轴加速度传感器，可以对 ±16g 的加速度进行高精度测量，分辨率高达 13 位。ADXL345 的接口如图 4.12 所示。

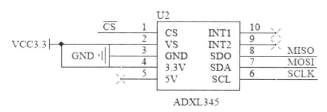

图 4.12　ADXL345 的接口

ADXL345 的工作原理是先由前端感应器件测得加速度的大小，然后通过感应电信号器件将测量的数据转换为可识别的电信号，这个信号是模拟信号。ADXL345 集成的 A/D 转换器可将该模拟信号转换为数字信号，通过 SPI 总线接口即可读取 ADXL345 芯片中的加速度测量数据和倾角测量数据。ADXL345 的控制命令也是通过 SPI 总线传输的。

6．GPIO 接口模块

在嵌入式开发板中，其他一些外设，如 LED、蜂鸣器、按键和 DHT11 型温湿度传感器等，均采用 GPIO 接口来进行通信，具体接口电路如下。

通过控制发光二极管（Lighting Emitting Diode，LED）引脚的静态高低电平信号可以控制 LED 的亮灭，根据硬件电路的不同，控制 LED 亮灭所需的电平信号也不同。本书中的 LED 采用共阳极接法，如图 4.13 所示，当 LED 引脚为低电平时，LED 发光，反之熄灭。

蜂鸣器是一种电子发声元器件，可以发出某个特定频率的声音或不同频率的声音。蜂鸣器采用直流电压供电，广泛应用于计算机、打印机、复印机、报警器、电子玩具、汽车电子设备、电话机、定时器等电子产品中。本书使用的蜂鸣器是无源蜂鸣器，内部没有振荡源，需要通过一定频率的信号才能发出特定频率的声音，可通过编程来改变无源蜂鸣器发出的声音，甚至可以发出音乐。蜂鸣器的连接电路如图 4.14 所示。

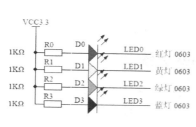

图 4.13　LED 的连接电路

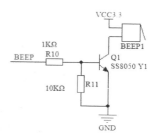

图 4.14　蜂鸣器的连接电路

按键是指利用按钮推动传动机构，使动触点与静触点接通或断开，从而实现电路的开关。按键的结构比较简单，应用十分广泛。按键的连接电路如图 4.15 所示，当按下按键时，外部读取到按键引脚的电平为低电平；当没有按下按键时，外部读取到按键引脚的电平为高电平。

DHT11 是一款可输出已校准数字信号的温湿度传感器，采用数字模块采集技术和温湿度传感技术，确保该传感器具有极高的可靠性和卓越的长期稳定性。DHT11 型温湿度传感器采用一条 I/O 线进行半双工通信，其连接电路如图 4.16 所示。

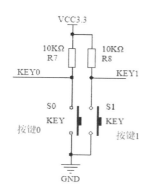

图 4.15　按键的连接电路

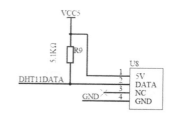

图 4.16　DHT11 型温湿度传感器的连接电路

7. 通用模块

本书所用的嵌入式开发板保留了 SPI 总线通用模块和 I2C 总线通用模块，用户可以通过这些模块开发新的外设。通用模块的接口如图 4.17 所示。

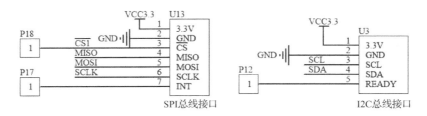

图 4.17 通用模块接口原理图

4.2 嵌入式 Linux 系统的安装和嵌入式开发板的初步使用

上一节介绍了嵌入式开发板硬件方面的知识。然而硬件始终离不开软件，而软件的基础是操作系统。本节将介绍如何为嵌入式开发板安装操作系统。

4.2.1 在嵌入式开发板中安装嵌入式 Linux 系统

安装系统是指借助软件将系统程序复制到嵌入式开发板存储器件中的过程。本书为嵌入式开发板定制了专用的嵌入式 Linux 系统的镜像文件，系统的整个安装过程都是在 Windows 系统下完成的，具体的安装步骤如下：

（1）下载嵌入式 Linux 系统的镜像文件。嵌入式开发板的生产厂商往往会将配置好的系统镜像放在其官网上供用户下载，一些资深的用户也会自己定制系统。通过前言中的网址可以下载嵌入式 Linux 系统的镜像文件，要确保文件名和目录均为英文。

（2）准备一个 TF 卡读卡器，将 TF 卡插入读卡器，并将读卡器插入 PC，确保读卡器处于正常工作状态。

（3）以管理者的身份运行的 Win32 Disk Imager（Win32 磁盘映像工具），其界面如图 4.18 所示，在界面右侧选择 TF 卡盘符（位置①），随后单击盘符旁边的文件夹图标（位置②），浏览并选中嵌入式 Linux 系统的镜像文件。

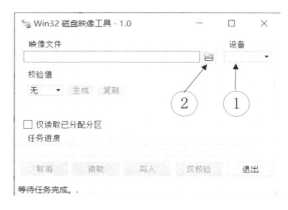

图 4.18 Win32 磁盘映像工具的界面

（4）单击"写入"按钮即可进行安装，Win32 磁盘映像工具会显示当前的安装进度，如图 4.19 所示。

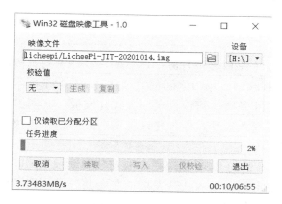

图 4.19　安装进度

嵌入式 Linux 系统的镜像文件安装完成后，Win32 磁盘映像工具会弹出写入成功的提示，如图 4.20 所示。

图 4.20　写入成功的提示

至此，嵌入式 Linux 系统就已经成功地安装到了 TF 卡中，将 TF 卡从 PC 中安全退出后插入嵌入式开发板，为嵌入式开发板通电即可启动嵌入式 Linux 系统。

4.2.2　嵌入式开发板的初步使用

本书所用的嵌入式开发板由于没有显示器、键盘和鼠标，因此不能像 PC 那样直接进行操作。如果需要传输文件、运行程序，以及对嵌入式设备进行输入/输出操作，就需要借助 PC 中的终端模拟软件。终端模拟软件相当于 PC 和嵌入式开发板之间的桥梁，具有传递信息的功能。

通过终端模拟软件来连接 PC 和嵌入式开发板的方法有很多，常见的是通过串口线登录和通过网口的 SSH 协议登录。不论采用哪种方法，都需要在 PC 中安装相应的终端模拟软件，如 Windows 系统下的 XShell、PuTTY，Linux 系统下的 minicom 等。本书使用的是 XShell 免费版。

XShell 是一个功能强大的终端模拟软件，可以在 Windows 系统下访问不同系统下的远端服务器。读者可以访问 XShell 的官方网站来下载 XShell 的免费版本。本节首先介绍通过串口线登录 XShell 的方法，然后介绍通过网口的 SSH 协议登录 XShell 的方法。

1. 串口终端

串口终端是通过 UART 串口线进行终端调试的，UART 的具体内容将在第 6 章介绍。串口线可以实现计算机 USB 接口到串口之间的数据传输，图 4.21 所示为两种较为常见的串口模块，左侧的模块只保留了 4 条线，可连接至嵌入式开发板；右侧的模块只给出了 4 个插针，需要双母头杜邦线连接至嵌入式开发板。建议使用右侧的串口模块，以便读者能更加深入地了解串口的传输方式。

部分串口模块在插入 PC 的 USB 接口后需要安装驱动程序才能使用，驱动程序的具体安装过程请参照串口模块的资料。嵌入式开发板的左上角已经预留了串口，下面是使用串口模块连接 PC 和嵌入式开发板的步骤。

（1）将串口模块的 USB 端连到 PC 并安装驱动程序，将串口模块的 GND、5 V VCC、RX 和 TX 引脚依次连接到嵌入式开发板 GND、5 V VCC、TX 和 RX 引脚，一般约定用红线对应 5 V 电源，黑线对应 GND，TX 和 RX 用绿线和白线。串口线连接顺序如图 4-22 所示。

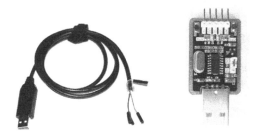

图 4.21　两种常见的串口模块

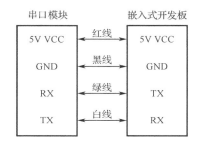

图 4.22　串口线连接顺序

（2）打开 XShell，单击左上角"□"（新建）按钮（见图 4.23 中的①），可弹出"新建会话（2）属性"对话框，如图 4.23 所示。

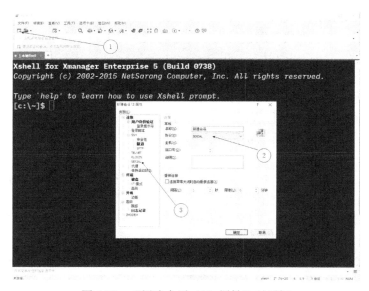

图 4.23　"新建会话（2）属性"对话框

（3）将"协议"修改为"SERIAL"（见图 4.23 中的②）。选择左侧列表中的"SERIAL"后（见图 4.23 中的③），可进入串口连接设置界面，如图 4.24 所示。

图 4.24　串口连接设置界面

在图 4.24 中，Port（接口）选项用于选择串口号，串口号可以在 Windows 的"设备管理器→端口"中查到。本书所用的串口线在设备管理器中显示为"USB SERIAL CH340 (COM4)"。Baud Rate 表示每秒传输的码元符号个数。本书所用的嵌入式开发板将"Baud Rate"设置为"115200"，其他选项保持默认即可。

（4）在串口连接设置界面单击"确定"按钮可完成连接。打开嵌入式开发板的电源开关，即可启动嵌入式 Linux 系统，XShell 的窗口中会显示启动信息，如图 4.25 所示。

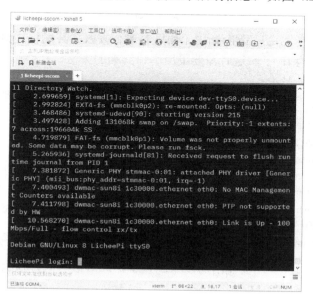

图 4.25　XShell 的窗口显示的启动信息

（5）根据提示使用默认的用户名（root）和密码（licheepi）登录 XShell，此时可正常使用 XShell。

2．网口终端

通过网口的 SSH 协议登录 XShell 后可以连接 PC 和嵌入式开发板，有两种连接方式：一种是直接用网线连接 PC 和嵌入式开发板，另一种是通过路由器来连接 PC 和嵌入式开发板，如图 4.26 所示。相对而言，第二种方式更为简单。

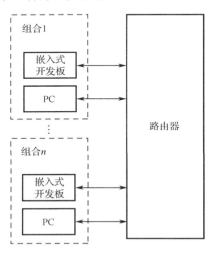

图 4.26　通过路由器连接 PC 和嵌入式开发板

图 4.26 中的每个组合都有自己的嵌入式开发板和 PC，PC 和嵌入式开发板均通过网线连接路由器，路由器会自动分配 IP 地址。每个组合的 PC 和嵌入式开发板均有独立的 IP。具体的连接步骤如下：

（1）获取嵌入式开发板的 IP。如果只有 1 个嵌入式开发板连接到了路由器，则可以直接登录到路由器来查看嵌入式开发板的 IP。如果有多个嵌入式开发板连接到了路由器，就不容易分辨嵌入式开发板的 IP 了，这时需要采用串口终端的方法，在终端中输入 ifconfig 命令，得到的结果如下：

```
root@LicheePi:~# ifconfig
eth0        Link encap:Ethernet    HWaddr 02:03:88:df:59:4e
            inet addr:192.168.1.100  Bcast:192.168.1.255   Mask:255.255.255.0
            UP BROADCAST RUNNING MULTICAST    MTU:1500   Metric:1
            RX packets:23 errors:0 dropped:0 overruns:0 frame:0
            TX packets:12 errors:0 dropped:0 overruns:0 carrier:0
            collisions:0 txqueuelen:1000
            RX bytes:2738 (2.6 KB)    TX bytes:1194 (1.1 KB)
            Interrupt:40
```

其中 eth0 是嵌入式开发板使用的以太网设备，此时嵌入式开发板的 IP（inet addr）为 192.168.1.100。

（2）设置网口终端。打开 XShell，单击左上角"□"（新建）按钮，可弹出"新建会话属性"对话框,将"协议"修改为"SSH",如图 4.27 所示,并在"主机"中输入"192.168.1.100",将"端口号"设置为"22"。

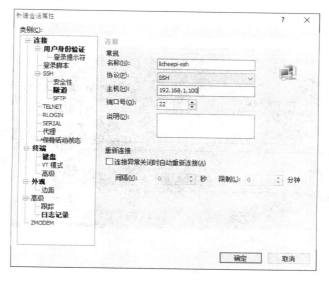

图 4.27　将"协议"修改为"SSH"

选择左侧的"用户身份验证"(图 4.28 中的①),随后输入用户名(root)和密码(licheepi),见图 4.28 中的②,单击"确定"按钮后,XShell 会启动 SSH 连接。

图 4.28　选择"用户身份验证"后输入用户名和密码

SSH 连接成功后的提示信息如图 4.29 所示,由于已经输入了用户名和密码,因此无须再次登录。

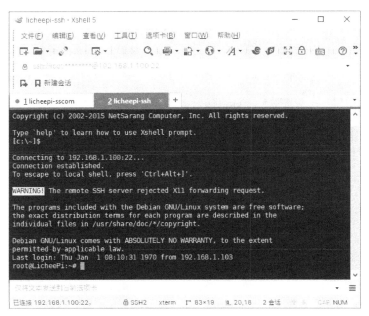

图 4.29　SSH 连接成功后的提示信息

4.2.3　文件传输

在嵌入式开发板上进行编程时，经常需要在 PC 与嵌入式开发板之间传输文件，可通过串口和网口来传输文件。通常使用网口来传输文件，这种方法的传输速率较快，操作也比较简单。下面简单介绍传输文件的步骤。

单击"🖉"（新建文件传输）按钮，见图 4.30 中的①，可打开文件传输界面。

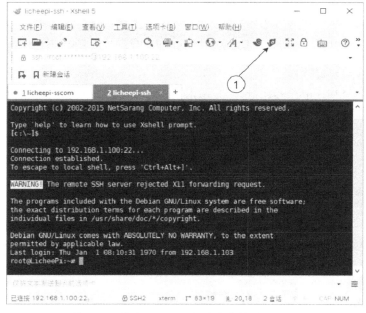

图 4.30　单击"🖉"（新建文件传输）按钮

　　文件传输界面分成两部分，左侧显示的是 PC 的存储空间，右侧显示的是嵌入式开发板的存储空间。在界面的右侧选择文件夹"/home"作为嵌入式开发板的存储文件夹，在界面的左侧选择一个文件时，文件传输界面菜单中的"🖹"（向右传输，见图 4.31 中的①）按钮呈现可执行状态，单击该按钮后，选中的文件就会传输到嵌入式开发板的存储文件夹中，完成从 PC 向嵌入式开发板传输文件的过程。此外，也可以采用直接将文件拖曳到对方界面内的方式进行文件传输。

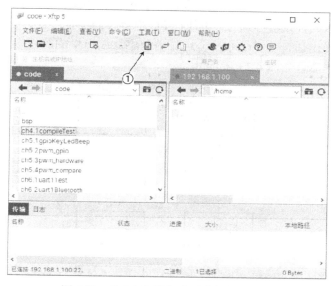

图 4.31　从 PC 向嵌入式开发板传输文件

　　将上面的步骤反过来，在右侧嵌入式开发板的存储空间选择一个文件，然后单击"🖹"（向左传输，见图 4.32 中的①）按钮，选中的文件就会传输到 PC 中，完成从嵌入式开发板向 PC 传输文件的过程。

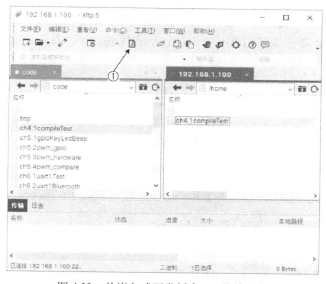

图 4.32　从嵌入式开发板向 PC 传输文件

4.3 编译方式

编写好的代码需要经过编译（compile）才能变成计算机可识别和执行的二进制代码。编译的方式有两种，一种是本地编译，另一种是交叉编译。本地编译指的是，先通过 XShell 登录嵌入式开发板并在其中编写一段程序，再通过 gcc 将程序编译成可执行程序。本地编译生成的程序只能在嵌入式开发板中运行，不能在 PC 中运行。与本地编译不同的是，交叉编译是指在一个平台中编译出适合于另一个平台运行的程序，编译生成的程序不能在本地运行。本地编译和交叉编译的流程如图 4.33 所示。

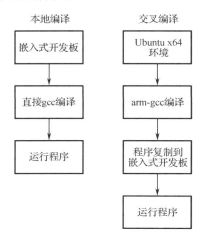

图 4.33　本地编译和交叉编译的流程

从流程上来看，交叉编译绕了一个大圈子，为什么不直接采用本地编译呢？其中一个主要原因是嵌入式开发板上的资源和性能比较差，大多使用 ARM 架构的微处理器，工作频率较低，内存容量也较小，而 PC 的工作频率较高，内存容量也较大。如果嵌入式开发板使用 uboot 等环境，缺少必要的编译组件，就无法进行本地编译了。总体而言，交叉编译会更加有效率。

下面举一个本地编译的实例，该实例是一个简单的"对话"，用户输入一个名字，程序返回"Hello 名字！"；用户输入一个数字，程序返回该数字的平方根。将图 4.31 中文件夹"ch4.1compileTest"下的 ch4.1compileTest.c（具体代码请参考本书配套的资源）发送到嵌入式开发板中，并在嵌入式开发板的编译工具中执行 gcc 命令：

root@LicheePi:/home/ch4.1compileTest# gcc ch4.1compileTest.c -o native -lm

这种编译方式是本地编译，可通过 file 命令查看属性，即：

root@LicheePi:/home/ch4.1compileTest# file native

结果如下：

navite: ELF 32-bit LSB executable, ARM, EABI5 version 1 (SYSV), dynamically linked, interpreter /lib/ld-linux-armhf.so.3, for GNU/Linux 2.6.32, BuildID[sha1]=30c7de9c66cffacfaa92acba9eb5b15c18c71a2e, not stripped

该结果编码编译后的程序是 ARM 版本的，通过下面的命令运行程序：

$ ./native

程序运行结果如下：

请输入名字：Tom
Hello Tom!
请输入一个数字：6
它的平方根是：2.449490

接着我们给出一个交叉编译的实例，以对比两种编译方式的差异。交叉编译的编译环境是 PC 的 Ubuntu 16.04 系统，交叉编译器是 arm-linux-gnueabihf-gcc。

首先在 Ubuntu 16.04 的终端中直接对程序进行编译，命令如下：

dxxy@ubuntu:~/home/dir1$ gcc ch4.1compileTest.c -o navite -lm

可得到一个二进制程序 navite，然后使用交叉编译器进行编译，命令如下：

dxxy@ubuntu:~/home/dir1$ arm-linux-gnueabihf-gcc ch4.1compileTest.c -o cross -lm

此时可以得到另一个二进制程序 cross，cross 表示交叉编译（Cross Compile）。将两个程序复制到嵌入式开发板，先赋予运行权限再运行，结果如下：

root@LicheePi:/home/ch4.1compileTest# chmod -R 777 cross
root@LicheePi:/home/ch4.1compileTest# chmod -R 777 native
root@LicheePi:/home/ch4.1compileTest# ./native
-bash: ./native: cannot execute binary file: Exec format error
root@LicheePi:/home/ch4.1compileTest# ./cross
请输入名字：Tom
Hello Tom!
请输入一个数字:6
它的平方根是：2.449490

在嵌入式开发板中运行 native 时，提示无法执行，而 cross 可以顺利执行。查看这两个执行程序的属性，结果如下：

root@LicheePi:/home/4# file native
native: ELF 64-bit LSB shared object, x86-64, version 1 (SYSV), dynamically linked, interpreter /lib64/ld-linux-x86-64.so.2, BuildID[sha1]=f769dc6dad6865c3921d7803591683bfd7708e4a, for GNU/Linux 3.2.0, not stripped
root@LicheePi:/home/4# file cross
cross: ELF 32-bit LSB shared object, ARM, EABI5 version 1 (SYSV), dynamically linked, interpreter /lib/ld-linux-armhf.so.3, BuildID[sha1]=a86eab4bac99804abc1f6ca99ab245a9468d49ab, for GNU/Linux 3.2.0, not stripped

由上述命令可见，在 PC 的 Ubuntu 16.04 环境中，直接使用 gcc 编译得到的程序 native 是一个 x86-64 环境的程序，因此无法在嵌入式开发板中运行；而程序 cross 是通过交叉编译器生成的 ARM 环境程序，因此可以在嵌入式开发板中运行。

对比两种编译方式可知，本地编译更为方便和直观，而交叉编译要考虑的问题有很多，不仅要选择合适的编译器，还要考虑编译环境的配置，只有在配置好编译环境后才能顺利编译程序。但当项目很复杂、程序较大时，本地编译的效率就很低了，这时就必须考虑交叉编译，以提高编译效率。

练习题 4

4.1　什么是嵌入式系统？嵌入式系统和 PC 有什么区别？

4.2　嵌入式开发板使用的微处理器和 PC 中的 CPU 有什么区别？

4.3　简述嵌入式开发板的两个组成部分及其特点。

4.4　GPIO 接口的中文和英文全称分别是什么？其作用是什么？

4.5　本书所用的嵌入式开发板中的 LED 的连接方式是共阴极还是共阳极？如何控制 LED 的亮灭？

4.6　本书所用的嵌入式开发板中的蜂鸣器是如何发出声音的？

4.7　在嵌入式开发板中安装嵌入式 Linux 系统的步骤是什么？

4.8　嵌入式开发板和 PC 的连接方法有几种？分别如何操作？

4.9　嵌入式开发板没有键盘、鼠标和屏幕，应该通过什么方式进行操作？

4.10　PC 和嵌入式开发板的两种连接方法是什么？适用的场景分别是什么？

4.11　在 PC 中使用 gcc 命令编译生成的程序，可以在嵌入式开发板上运行吗？如果不可能，则正确的编译方式是什么？

知识拓展：我国卓越的芯片设计公司——全志科技

芯片是一个国家高科技实力的体现。以前，无论嵌入式微处理器，还是单片机，大部分都是国外厂商研发和生产。近几年以来，我国的芯片设计和生产水平也逐渐达到了世界先进水平，本书使用的嵌入式微处理器是全志科技的产品。

珠海全志科技股份有限公司（简称全志科技，Allwinner Technology）成立于 2007 年，主要产品是多核智能终端应用处理器、智能电源管理芯片等，是全球平板电脑、高清视频、移动互联网，以及智能电源管理等领域的主要供应商之一。

全志科技坚持核心技术长期投入，在超高清视频编/解码、高性能 CPU/GPU/AI 多核整合、先进工艺的高集成度、超低功耗、全栈集成平台等方面提供具有市场竞争力的系统解决方案和贴心服务，产品广泛适用于智能硬件、平板电脑、智能家电、车联网、机器人、虚拟现实、网络机顶盒、电源模拟器件、无线通信模组、智能物联网等多个产品领域。

本书使用的是全志科技的 V3s 微处理器芯片，该芯片采用四核 ARM Cortex A7 内核，主频为 1.2 GHz。V3s 芯片内置 64 MB 的 DDR2 内存，支持多种开发语言，集成了 UART、SPI、I2C、PWM、LRADC 等外设，以及 OTG USB、MIPI CSI 控制器、EPHY、RGB LCD 控制器、音频编/解码器等外设接口，支持外接 Flash，采用 LQFP 封装，可简化 PCB 布局。

第**5**章

嵌入式 Linux 接口编程:GPIO 和 PWM

从本章将开始,本书将要介绍嵌入式开发板的各种外设编程。在进行嵌入式开发时,不仅要编写程序、编译程序并下载,还要进行软硬件调试。在硬件调试过程中,通常需要使用一些电子测量仪器,最常用的电子测量仪器就是示波器。本章首先介绍示波器的常规用法,然后介绍 GPIO 编程和 PWM 编程,最后用示波器的多种检测方式验证编程结果。

5.1 示波器的基本用法

示波器是一种能够捕获信号(如电压信号)动态变化的电子测量仪器,能够将时变、不可见的信号在二维平面上直观显示出来。现在的示波器增加了时域分析和频域分析的功能,丰富了测量手段,被誉为"电子工程师的眼睛"。示波器经历了模拟和数字两个时代,目前模拟示波器已经很少见,大部分都是数字示波器,而且示波器的使用方法也变得相对简单,熟练掌握示波器的使用方法是一个电子工程师的必备技能。

5.1.1 示波器简介

1. 示波器的功能简介

本书所用的示波器是普源精电科技股份有限公司(RIGOL)的 DS1104Z 型数字示波器,如图 5.1 所示。该示波器包含 4 个通道,带宽为 100 MHz,采样频率为 1 GSa/s。读者也可以根据自身情况选择其他型号的示波器,具体操作方法请参考示波器的使用手册。

图 5.1 DS1104Z 型数字示波器

DS1104Z 型数字示波器的面板如图 5.2 所示，按照功能可以分成 20 个区域，每个功能区域的说明如表 5.1 所示。

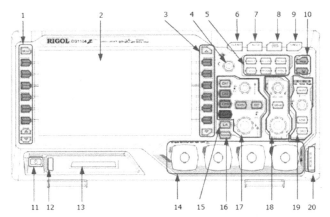

图 5.2 DS1104Z 型数字示波器的面板

表 5.1 DS1104Z 型数字示波器面板功能区域的说明

功能区域编号	描　述	功能区域编号	描　述
1	测量菜单按钮	11	开关
2	显示屏	12	USB 接口
3	功能菜单按钮	13	数字通道
4	多功能旋钮	14	模拟通道
5	常用操作按钮	15	逻辑分析控制按钮
6	清除	16	信号源
7	自动	17	垂直控制
8	运行/暂停	18	水平控制
9	单次	19	触发控制
10	帮助/打印	20	探头校准信号

在硬件调试过程中，如果能够在适当的时间点开始捕获波形，就会使调试工作变得很简单。示波器的触发（Trigger）功能可满足这个需求。所谓触发，是指只有当满足一个预设的条件时，示波器才开始捕获波形。示波器的触发点示意如图 5.3 所示，当信号电平等于触发电平时，示波器开始捕获波形，这个时刻称为触发点。

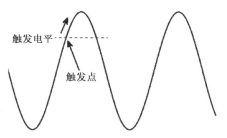

图 5.3 示波器的触发点示意

触发方式有很多种，除了常见的边沿触发、脉宽触发、斜率触发，还有码型触发、持续时间触发、延迟触发和通信协议触发等。选择合适的触发方式可以准确地抓取到想要的波形。DS1104Z 型示波器的触发方式可以分为 Auto（自动触发）、Normal（正常触发）、Single（单次触发）三种，可通过 MODE 按钮切换这三种触发方式，如图 5.4 所示。

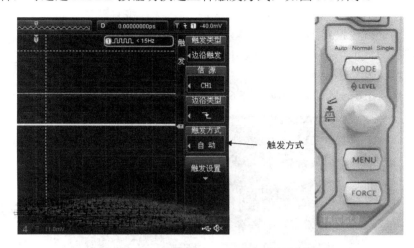

图 5.4　通过示波器的 MODE 按钮选择触发方式

2．示波器探头挡位设置

在示波器探头上，有一个"×1"挡和"×10"挡的开关，如图 5.5 所示。当选择"×1"挡时，信号直接进入示波器；当选择"×10"挡时，信号会衰减到原来的 1/10 后再进入示波器。当需要测量较高的电压信号时，就可以利用探头的"×10"挡，将较高的电压信号衰减后输入示波器。一旦调整了探头的挡位，就需要在输入通道中调整探头衰减比例，让示波器屏幕上的波形显示正确的数据。在实际操作中，要养成一个习惯：在测量一个不确定幅度的信号时，应当先用"×10"挡进行测量，确认信号的幅度后再选用合适的挡位进行测量。这个习惯可以防止高压信号损坏示波器。

除了衰减电压，"×10"挡的输入阻抗比"×1"挡要高很多。在测试驱动能力较弱的信号时，把探头打到"×10"挡可以得到较好的波形。最典型的例子就是测量晶振的波形，如果使用"×1"挡，则示波器是捕获不到波形的。因为"×1"挡的探头相当于一个很大的负载（一个示波器探头使用"×1"挡时具有上百 pF 的电容）并联在晶振电路中，会破坏晶振的起振电路，应该使用探头的"×10"挡。

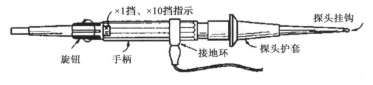

图 5.5　示波器探头上的挡位

3. 示波器的探头校准

在测量信号前,还需要校准探头。每台示波器都有校准信号,它是一个频率为 1 kHz、峰峰值为 3 V 的方波信号。位于图 5.2 中的区域 20。探头校准的过程如下:

(1) 按下"Storage"按钮(图 5.2 中的区域 5),选择恢复默认设置。

(2) 将探头衰减比设定为"×10",本示波器显示为"10X"。

(3) 将探头与校准信号连接(图 5.2 中的区域 20),按下"Auto"按钮。

(4) 观察示波器显示屏上的波形。

未进行探头校准时显示的波形如图 5.6 所示。

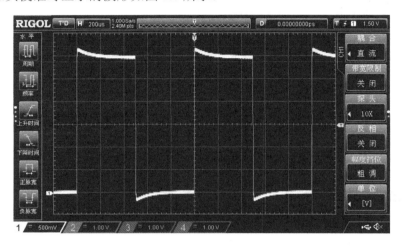

图 5.6　未进行探头校准时显示的波形

仔细观测图 5.6 可发现,捕获的校准信号并不是标准的方波,这不是因为信号出现了问题,而是因为示波器的探头出现了偏差。探头常常会出现补偿过度、补偿正确和补偿不足三种情况,如图 5.7 所示。

补偿过度　　　　　　　　补偿正确　　　　　　　　补偿不足

图 5.7　补偿过度、补偿正确和补偿不足

补偿过度和补偿不足都说明示波器的探头工作在不正常状态,需要进行调整。调整的方法很简单,用非金属质地的改锥调整探头上的低频补偿调节孔(位于探头挡位调节的背面),直到示波器屏幕上显示正确的波形为止。经过探头校准后显示的波形如图 5.8 所示。

补偿过度和补偿不足都会影响示波器的功能,在进行测量信号前,必须进行探头校准。示波器探头的挡位操作和补偿校准看似很简单,却往往会被使用者忽略,使测量结果出现偏差。

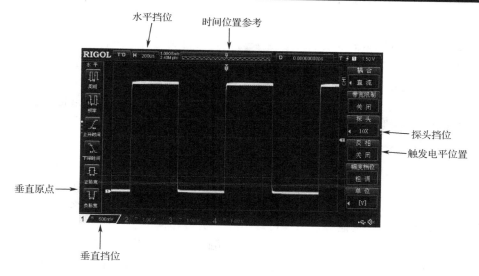

图 5.8　经过探头校准后显示的波形

4．波形参数的读取

在设置探头挡位和进行探头校准之后，就可以读取波形参数了。读取波形参数之前要简单了解一下示波器屏幕中的相关信息，其中最重要的信息是垂直挡位、水平挡位和垂直原点。

以图 5.8 所示波形为例，首先读取电压幅度，左下角的 "500mV" 表示纵坐标一大格为 500 mV，此时峰峰值之间为 6 大格，即 3 V，垂直原点表示 0 V 的位置，这个波形的低电平为 0 V，高电平为 3 V。然后读取频率，左上角的 "200us" 表示横坐标一大格为 200 μs，图中波形一个周期为 5 大格，即 1 ms，换算成频率为 1 kHz。因此，图 5.8 所示波形的基本参数为：频率为 1 kHz、占空比为 50%、低电平为 0 V、高电平为 3 V、峰峰值为 3 V。

5.1.2　示波器的触发方式和触发条件

示波器要想捕获到波形，必须选择合适的触发方式和触发条件。触发方式是指捕获波形的方式，触发条件是指开始捕获波形的起点。示波器包含 Auto、Normal 和 Single 三种触发方式，以及丰富的触发条件，必须熟悉这些操作，以便选择合适的方式。

1．触发方式

Auto 方式：Auto 方式又称为自动触发方式，可以在示波器内部自动读取信号并显示波形。如果没有触发，则示波器会根据设定的扫描速率自动进行扫描；当满足触发条件时，扫描系统会尽量按信号的频率进行扫描。在 Auto 方式下，不论是否满足触发条件，示波器都会产生变化的扫描线。Auto 方式的好处是无论什么信号，都能得到波形，因此是使用最广泛的触发方式。

Normal 方式：Normal 方式又称为正常触发方式，只在波形符合触发条件时，才会更新屏幕上显示的波形，否则屏幕继续维持上次的波形（屏幕上永远都会有一个上次触发过的波形固定在那里）。用户往往混淆 Normal 方式与 Auto 方式，对于正弦波、方波等周期性的信号波形，在这两种方式下显示的波形是相同的。只有当偶尔出现异常波形时，Normal 方式的特点才表现出来，异常波形会一直保留在屏幕上。

Single 方式：Single 方式又称为单次触发方法，只有满足触发条件后才捕获波形。扫描一旦完成，示波器的扫描系统就进入休止状态，不再接收其他触发信号，这就是单次的含义。

除了上述三种触发方式，示波器往往还有 Force 方式（对应的是"Force"按钮）。顾名思义，就是强制进行一次触发并显示波形。当示波器处于 Normal 方式或 Single 方式时，可能会很长一段时间内都不满足触发条件，Force 方式可以强制更新波形，确认究竟是触发条件不满足还是出现了故障。

2. 触发条件

示波器的触发条件非常丰富，常用的触发条件有边沿触发、脉宽触发、逻辑触发等。下面介绍常用的触发条件，其他触发条件可参考相关资料。

边沿触发是最常用、最简单，也是最有效的触发条件，90%以上的应用都可以采用边沿触发。当波形发生变化时，如产生上升沿或下降沿。当信号从低于触发电平变化到高于触发电平时产生的触发，就是上升沿触发，反之就是下降沿触发。

根据信号的脉冲宽度产生的触发简称脉宽触发。根据极性的不同，脉宽可分为正脉宽和负脉宽。正脉宽是上升沿与触发电平相交点到相邻的下降沿与触发电平的相交点之间的时间差；反之就是负脉宽。

逻辑触发需要设定每个通道的逻辑值，并设置通道之间的逻辑关系（与、或、非等），当满足该逻辑关系，并达到设定的时间条件时，任一通道的边沿变化都会产生触发。每个通道的逻辑值可以设置为高、低和无。

实际中，最常使用的是边沿触发。下面使用边沿触发和 Auto、Single 或 Normal 三种方式测试示波器自带的波形，可以捕获正常的波形、示波器探头刚搭上去的波形、示波器探头拿掉后的波形。将示波器自带的方波信号作为输入信号，使用 Auto 方式捕获到的波形如图 5.9 所示。

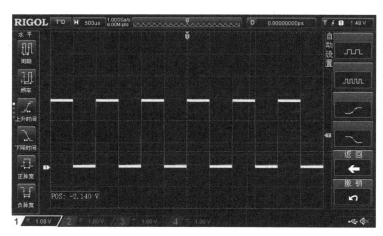

图 5.9　Auto 方式捕获到的波形

将示波器的自带方波信号作为输入信号，使用 Single 方式可以捕获到示波器探头刚搭上去的波形，如图 5.10 所示。

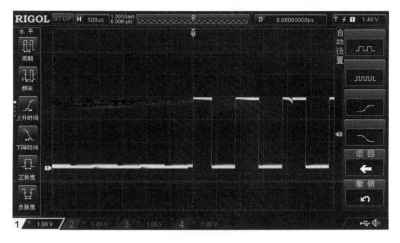

图 5.10　Single 方式捕获到的波形

将示波器的自带方波信号作为输入信号，使用 Normal 方式可以捕获到示波器探头拿掉后的波形，如图 5.11 所示。

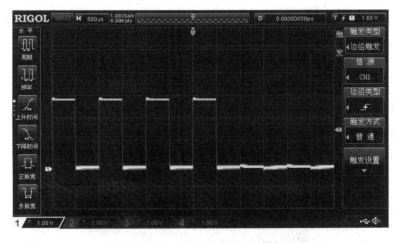

图 5.11　Normal 方式捕获到的波形

5.1.3　示波器的运算功能

示波器除了具有上述的基本功能，还具有运算功能，本节主要介绍数学运算和快速傅里叶变换分析。

（1）数学运算。按下"MATH"按钮后可进入运算模式，可选的运算模式非常多，如加、减、乘、除、与或非、指数和对数。以加法运算为例，信源 A 与信源 B 分别选择通道 CH1 和通道 CH2。CH1 引入一个正弦波形，CH2 引入一个方波，频率均为 1 kHz。示波器的加法运算如图 5.12 所示，上方两个波形分别为信源 A 和信源 B 的波形，下方的波形为"信源 A+信源 B"的波形。

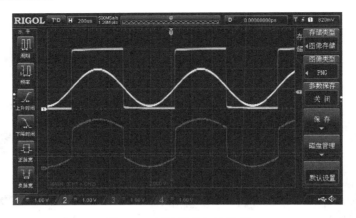

图 5.12　示波器的加法运算

（2）快速傅里叶变换分析。前面读取的波形都是时域波形，信号随时间变化。有时候我们需要知道信号的频域特性，如信号中的频率成分等。示波器提供了快速傅里叶变换分析，按下"MATH"按钮后在子菜单中选择"FFT"，此时示波器将同时显示时域波形和频域波形。我们给示波器通道接入一个没有偏置电压的正弦波，频率为 1 kHz，峰峰值为 2 V，选择"FFT"后，调节中心频率、水平挡位和偏移可以调整波形位置，以便观察。示波器的快速傅里叶变换分析如图 5.13 所示，图片上方为时域波形，下方为频域波形。频域波形的左上角显示"1.00kHz/Div"，表示横坐标的一大格为 1 kHz，此时频域波形的尖峰正好位于时域波形 1 kHz 的位置。

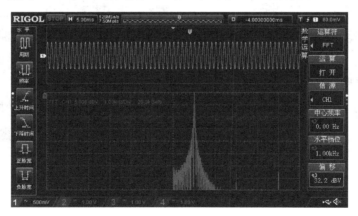

图 5.13　示波器的快速傅里叶变换分析

5.2　GPIO 编程

GPIO 接口是指那些具有双向特性，可以实现输出高/低电平或读入高/低电平状态的引脚。用户可以通过 GPIO 接口与硬件进行通信，控制外设工作（如 LED、蜂鸣器等）或者读取硬件的工作状态信号（如中断信号）。GPIO 接口是最常用、也是最基础的部件。

常用的 GPIO 接口内部电路结构如图 5.14 所示。

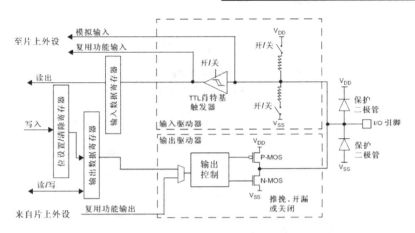

图 5.14　常用的 GPIO 接口内部电路结构

GPIO 接口内部有用于钳位的保护二极管，其作用是防止从外部输入的过高或过低的电压信号而损坏器件。GPIO 接口的信号经过两个保护二极管后，向上流向"输入驱动器"，向下流向"输出驱动器"。在输入模式下，GPIO 接口的信号经过上/下拉电阻引入后，连接到 TTL 肖特基触发器，信号经过触发器后（模拟信号会转化由 0 或 1 组成的数字信号）会存储在输入数据寄存器中，通过读取输入数据寄存器就可以了解 GPIO 接口的电平状态。在输出模式下，GPIO 接口的信号会经过一个由 P-MOS 和 N-MOS 管组成的单元电路。这个单元电路使 GPIO 接口具有推挽输出和开漏输出两种模式。

在介绍 GPIO 编程之前，先说明本书配套代码的组织结构，以便读者快速地查阅代码。代码组织结构如图 5.15 所示。

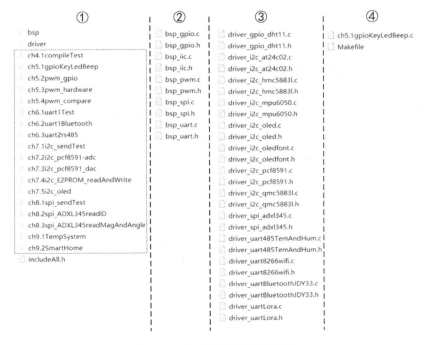

图 5.15　本书配套代码组织结构

其中左边①标示的部分为程序整体的结构，包含四个部分：bsp 文件夹、driver 文件夹、以 ch 开头的文件夹和 includeAll.h 文件，这四个部分的说明如表 5.2 所示。

表 5.2　本书配套代码组织结构的说明

文 件 名	文 件 功 能
bsp	基础的接口协议函数，包括控制 I/O 接口的输入或输出、PWM 波形设置，以及后面章节要介绍的 UART、I2C 总线和 SPI 总线等接口的控制
driver	器件的驱动函数
以 ch 开头的文件	对应每章的程序
includeAll.h	所有的头文件

bsp 文件夹的内容如图 5.15 的②所示，这一部分内容介于硬件和操作系统驱动程序之间，一般认为它们属于操作系统的一部分，主要实现对操作系统的支持，为上层的驱动程序提供访问硬件设备寄存器的函数包，使之能够更好地在嵌入式开发板上运行。这部分程序不与外设硬件联系。

driver 文件夹内容如图 5.15 的③所示，这一部分内容是各种外设的驱动程序，文件按照"接口协议+器件名称"命名，负责与外设进行信息交互，针对的目标是具体外设。bsp 的内容更接近底层的程序，driver 的内容更接近顶层。

ch 文件夹内容如图 5.15 的④所示，以 ch 开头的文件夹均与本书的内容相关，ch 是 chapter 的缩写。例如，ch5.1gpioKeyLedBeep 表示第 5 章的第 1 个程序，该程序的内容是 GPIO 接口控制按键、LED 和蜂鸣器。每个文件夹均包含了 Makefile 文件和主程序。

最后一个文件是 includeAll.h，这个头文件将本书程序所需的头文件包括在内，在编程时只需要引用这个头文件即可。

5.2.1　bsp_gpio 接口函数简介

下面开始介绍 GPIO 编程，相关的函数可以在 bsp 文件夹中的 bsp_gpio.h 和 bsp_gpio.c 文件中查找。

第 1 个接口函数是 GPIO_Init，其功能是初始化 GPIO 接口，该函数的说明如表 5.3 所示。

表 5.3　GPIO_Init 函数的说明

头文件	#include "bsp_gpio.h"
函数原型	void GPIO_Init(void)
函数说明	函数无参数，通过对内存的重映射，可以通过地址对内存操作，完成 GPIO 接口的初始化
返回值	无返回值

第 2 个接口函数是 GPIO_ConfigPinMode，其功能是对 GPIO 接口进行配置，该函数的说明如表 5.4 所示。

表 5.4　GPIO_ConfigPinMode 函数的说明

头文件	#include "bsp_gpio.h"
函数原型	void GPIO_ConfigPinMode(PORT port, unsigned int pin, PIN_MODE mode)
函数说明	该函数有三个参数，分别是 port、pin 和 mode。参数 port 表示选择的 GPIO 接口，定义在 bsp_gpio.h 文件的 PORT 结构体中；参数 pin 表示选择的引脚号，可根据原理图选择对应的引脚号；参数 mode 定义在 bsp_gpio.h 文件的 PIN_MODE 结构体中，用于选择引脚的输入/输出模式，如 IN（输入）、OUT（输出）等
返回值	无返回值

第 3 个接口函数是 GPIO_SetPin，其功能是设置 GPIO 接口电平，该函数的说明如表 5.5 所示。

表 5.5　GPIO_SetPin 函数的说明

头文件	#include "bsp_gpio.h"
函数原型	void GPIO_SetPin(PORT port, unsigned int pin, unsigned int level)
函数说明	该函数有三个参数，分别是 port、pin 和 levle。参数 port 表示选择的 GPIO 接口，定义在 bsp_gpio.h 文件的 PORT 结构体中；参数 pin 表示选择的引脚号，可根据原理图选择对应的引脚号；参数 level 用于设置该引脚的电平为高电平（level=1）或低电平（level=0）
返回值	无返回值

第 4 个接口函数是 GPIO_GetPin，其功能是获取某个引脚的电平状态，该函数的说明如表 5.6 所示。

表 5.6　GPIO_GetPin 函数的说明

头文件	#include "bsp_gpio.h"
函数原型	int GPIO_GetPin(PORT port, unsigned int pin)
函数说明	该函数有两个参数，分别是 port 和 pin。参数 port 表示选择的 GPIO 接口，定义在 bsp_gpio.h 文件的 PORT 结构体中；参数 pin 表示选择的引脚号，可根据原理图选择对应的引脚号
返回值	返回值为 1 表明该引脚当前为高电平，返回值为 0 表明该引脚当前为低电平

第 5 个接口函数是 GPIO_Free 函数，其功能是取消内存映射，该函数的说明如表 5.7 所示。该函数涉及映射内存等较为深入的内容，建议读者掌握函数的使用方法即可，无须深入研究函数是如何实现的。

表 5.7　GPIO_Free 函数的说明

头文件	#include "bsp_gpio.h"
函数原型	int GPIO_Free(void)
函数说明	用于取消内存映射，和 GPIO_Init 函数功能相反，成对出现，出现在程序结尾
返回值	无返回值

5.2.2 GPIO 的输入和输出

下面通过一个实例介绍如何使用 GPIO 相关的函数来控制嵌入式开发板上的 LED、按键和蜂鸣器，并通过示波器的三种触发方式来观察波形。代码保存在 ch5.1gpioKeyLedBeep.c 文件中。程序实现的功能是：通过按键控制 LED 的连续闪烁，以及蜂鸣器的声音。在程序启动后，蜂鸣器不响、LED 闪烁，闪烁周期为 100 ms，占空比为 50%；当按下按键时，LED 熄灭，蜂鸣器发出声音，声音的周期为 1ms，占空比为 60%。

（1）代码实现如下：

```
#include "../includeAll.h"
#define PortLED1 PG
#define PinLED1 3
#define PortBEEP PG
#define PinBEEP 4
#define PortKEY PG
#define PinKEY 5
int main()
{
    int key=0;
    //初始化 GPIO 接口
    GPIO_Init();
    GPIO_ConfigPinMode(PortLED1, PinLED1, OUT);
    GPIO_ConfigPinMode(PortBEEP, PinBEEP, OUT);
    GPIO_ConfigPinMode(PortKEY, PinKEY, IN);
    GPIO_SetPin(PortLED1, PinLED1, 1);
    GPIO_SetPin(PortBEEP, PinBEEP, 0);
    while (1)
    {
        key = GPIO_GetPin(PortKEY, PinKEY);
        if (key == 1)
        {    //未按按键
            GPIO_SetPin(PortLED1, PinLED1, 0);
            usleep(50 * 1000);
            GPIO_SetPin(PortLED1, PinLED1, 1);
            usleep(50 * 1000);
        }
        else
        {    //按下按键
            GPIO_SetPin(PortBEEP, PinBEEP, 1);
            usleep(600);
            GPIO_SetPin(PortBEEP, PinBEEP, 0);
            usleep(400);
        }
    }
    GPIO_Free();
    return 0;
}
```

（2）程序分析。首先调用 GPIO_Init 函数对 GPIO 接口进行初始化；然后利用 GPIO_ConfigPinMode 函数将 LED0 和 BEEP（蜂鸣器）设置为输出模式，将 KEY 设置为输入模式；最后在 while 循环中，通过 GPIO_GetPin 函数获取按键的电平状态。

未按下按键时，KEY 保持高电平，此时 LED 闪烁，闪烁周期为 100 ms，占空比为 50%，使用延时函数 usleep 来控制占空比，延时函数 usleep 是以 μs 为延时单位的。按下按键时，KEY 变为低电平，蜂鸣器发出声音，声音的周期为 1 ms，占空比为 60%。

（3）GPIO 接口的连线方法。将嵌入式开发板底板的 IO-GO5 插针连接到底板上 P6 排针的 3 号插针（KEY0）；将底板的 IO-GO4 插针连接到底板上 P6 排针的 1 号插针（蜂鸣器）；将底板的 IO-GO3 插针连接到底板上 P5 排针的 1 号插针（LED0）。GPIO 接口的连线方法如图 5.16 所示，具体说明如表 5.8 所示。

图 5.16　GPIO 接口的连线方法

表 5.8　GPIO 接口的连线方法的说明

嵌入式开发板核心板的输出接口	外 设 接 口	功 　 能
IO-G05	P6-K0	连接 KEY0
IO-G04	P6-BEEP	连接蜂鸣器
IO-G03	P5-D0	连接 LED0

（4）编译运行。通过编写好的 Makefile 文件，直接执行 make 命令来编译程序，命令如下：

```
root@LicheePi:/home/ch5.1gpioKeyLedBeep# make
arm-linux-gnueabihf-gcc    -pipe -g -w -fPIE   -c ../bsp/bsp_gpio.c
arm-linux-gnueabihf-gcc    -pipe -g -w -fPIE   -c ch5.1gpioKeyLedBeep.c
arm-linux-gnueabihf-gcc    -o gpioKeyLedBeep       bsp_gpio.o ch5.1gpioKeyLedBeep.o
root@LicheePi:/home/ch5.1gpioKeyLedBeep# ./gpioKeyLedBeep
```

（5）运行结果。观察 LED 的闪烁和蜂鸣器的声音。如果未按下按键，则蜂鸣器不发声，LED0 持续闪烁；如果按下按键，则 LED0 熄灭，蜂鸣器发声。

5.2.3　通过示波器三种触发方式观察电压信号波形

为了进一步理解示波器的三种触发方式，本节分别用三种触发方式来观测示波器的波形。

1．Auto 方式：捕获稳定、周期性的电压信号波形

因为控制 LED 和蜂鸣器的信号是稳定、周期性的电压信号，所以可以通过 Auto 方式来观察控制 LED 和蜂鸣器的电压信号波形。

（1）图 5.17 是控制 LED 的电压信号波形，其周期为 100 ms，占空比为 50%。

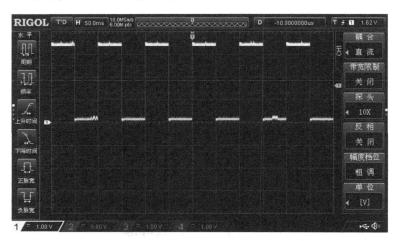

图 5.17　采用 Auto 方式观察到的控制 LED 的电压信号波形

（2）图 5.18 是控制蜂鸣器的电压信号波形，高电平大约持续 650 µs，低电平大约持续 450 µs。这与程序中设置的 600 µs 和 400 µs 有一些误差，这是因为延时函数 usleep 并不是采用定时器来延时的，会有一定的误差。

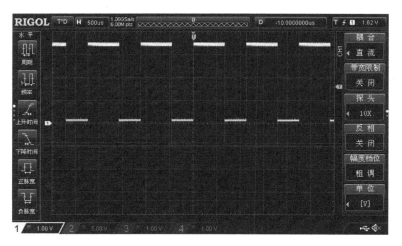

图 5.18　采用 Auto 方式观察到的控制蜂鸣器的电压信号波形

2．Single 方式：捕获第一次被触发时的电压信号波形

Single 方式下使用两个通道同时进行测量，CH1（通道 1）为控制蜂鸣器的电压信号波形，位于屏幕上方；CH2（通道 2）为按键的电压信号波形，位于屏幕下方。将示波器的触发方式设置为 Single 方式，触发通道为 CH2，触发条件为下降沿触发，触发电平为 1.5 V。

按下按键之前，示波器不显示任何信号的波形，这是因为在不满足触发条件时，示波器不会捕获任何信号的波形。按下按键后，按键的电压信号从高电平跳变到低电平，满足触发条件，示波器开始捕获信号的波形。采用 Single 方式捕获到的电压信号波形如图 5.19 所示，中间部分"①"的位置是时间参考位置，就是按键刚刚被按下、满足触发条件的时刻，随后捕获到了控制蜂鸣器的电压信号。捕获结束后，示波器处于停止工作状态。

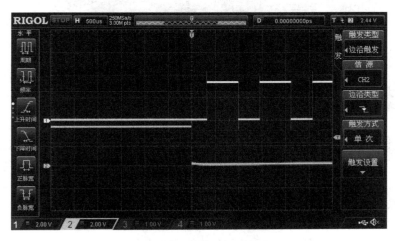

图 5.19　采用 Single 方式捕获到的电压信号波形

从图 5.19 可看出，按键的触发与蜂鸣器波形的产生之间会有一定的延迟，这是因为执行 LED 的程序需要 100 ms，只有执行完 LED 的程序，蜂鸣器波形才会启动。

3．Normal 方式：捕获最后一次被触发时的电压信号波形

保持示波器探头的接线方式不动，将触发方式切换为 Normal 方式，将触发条件设置为上升沿触发，此时示波器屏幕不会显示电压信号的波形，按下按键保持一段时间后松开，示波器可以捕获到松开按键时刻的电压信号波形，如图 5.20 所示。

读者可能会发现，似乎 Normal 方式和 Single 方式没什么区别。我们继续按键，此时采用 Normal 方式时示波器会继续捕获电压信号的波形。这是两者最大的差别，Normal 方式会捕获最后一次满足触发条件的电压信号波形。

图 5.20 中间部分的时间参考位置就是按键刚刚松开、满足触发条件的时刻，随后可以捕获到控制蜂鸣器的电压信号波形，捕获结束后，示波器处于继续等待捕获的状态。

从上面的过程可知，Auto 方式最容易理解，适合捕获稳定、周期性的信号波形；Single 方式只有在满足触发条件时才开始捕获信号波形，捕获结束后示波器处于暂停状态；Normal 方式与 Single 方式类似，但 Normal 方式会在捕获结束后等待下一次触发条件。

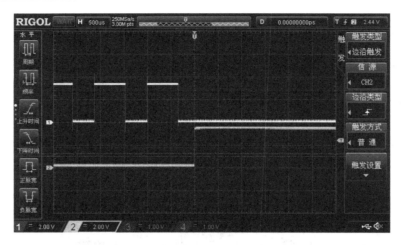

图 5.20　采用 Normal 方式捕获到的松开按键时刻的电压信号波形

5.3　PWM 编程

脉冲宽度调制（Pulse Width Modulation，PWM）是一种模拟控制方式，该方式能使电源的输出电压在工作条件变化时保持恒定。PWM 是一种利用微处理器的数字信号对模拟电路进行控制的有效方法，可利用微处理器输出的数字信号来控制模拟电路，广泛应用在测量、通信、功率控制、变换等领域中。

PWM 的优点是从微处理器到被控系统，信号都是数字的，无须进行 D/A 转换。采用数字信号可将噪声的影响降到最小，噪声只有在能够将逻辑 1 改变为逻辑 0 或将逻辑 0 改变为逻辑 1 时，才能对数字信号产生影响。对噪声的抵抗能力是 PWM 相对于模拟控制的优势，这也是在某些场合将 PWM 用于通信系统的主要原因。从模拟控制转向 PWM，可以极大地延长通信距离。在通信系统的接收方，只需要通过适当的 RC 或 LC 网络就可以滤除调制的高频方波，并将信号还原为模拟形式。

5.3.1　PWM 原理

如何计算 PWM 的等效模拟电压？首先考虑一个周期为 T、高电平持续时间为 D 的信号 $f(t)$，PWM 的信号波形如图 5.21 所示，此时信号的平均值为：

$$\bar{y} = \frac{1}{T} \int_0^D V \, dt = \frac{D}{T} V$$

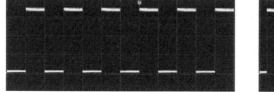 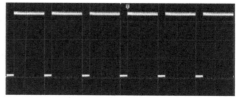

图 5.21　PWM 的信号波形

118

PWM 的等效模拟电压与 D 和 T 的比例有关，D/T 也称为占空比。在给定数字源（5 V 的高电平和 0 V 的低电平）的情况下，要想产生一个 3 V 的信号，可以使用占空比为 60%的 PWM，这意味着信号在 60%的时间内输出 5 V 电压。数字信号的周期越短、频率越高，在输出部分增加低频滤波电路后，PWM 的等效模拟电压看起来就越像恒定的 3 V 电压。

PWM 主要用于控制直流电动机，以及阀门、泵、液压系统和其他机械部件。根据不同应用和供电系统的响应时间，PWM 信号需要设置不同的频率。以下是一些应用对 PWM 频率的最低要求：

● 响应时间较长的加热元件或系统：10～100Hz 或更高。
● 直流电动机：5～10 kHz 或更高。
● 电源或音频放大器：20～200 kHz 或更高。

PWM 可以分为硬件 PWM 和软件 PWM。软件 PWM 是通过控制 GPIO 接口的输出电平和延时函数来实现的。硬件 PWM 是通过相关的硬件电路来实现 PWM 功能的，只需要配置相关寄存器即可。后续会通过实例来说明软件 PWM 和硬件 PWM 的实现方法及其差异。

5.3.2　bsp_pwm 接口函数简介

bsp_pwm 接口函数是在 bsp_pwm.c 文件定义的，下面对这些函数进行介绍。

第 1 个接口函数是 PWM_Init（包括 PWM0_Init 和 PWM1_Init），其功能是初始化 PWM 接口，该函数的说明如表 5.9 所示。

表 5.9　PWM_Init 函数的说明

头文件	#include "bsp_gpio.h"
函数原型	void PWM0_Init(void) void PWM1_Init(void)
函数说明	利用内存重映射技术，可以通过地址对内存操作，完成 PWM 接口的初始化
返回值	无返回值

第 2 个接口函数是 PWM_Config（包括 PWM0_Config 和 PWM1_Config），其功能是对 PWM 接口进行设置，该函数的说明如表 5.10 所示。

表 5.10　PWM_Config 函数的说明

头文件	#include "bsp_pwm.h"
函数原型	void PWM0_Config(unsigned int pwm_cycle, unsigned int pwm_duty) void PWM1_Config(unsigned int pwm_cycle, unsigned int pwm_duty)
函数说明	该函数有两个参数，分别是 cycle 和 pwm_duty。参数 cycle 表示 PWM 信号的周期；参数 pwm_duty 用于定义信号高电平的持续时间，即占空比
返回值	无返回值

第 3 个接口函数是 PWM_UnInit（包括 PWM0_UnInit 和 PWM1_UnInit），其功能是关闭 PWM 接口，该函数的说明如表 5.11 所示。

表 5.11   PWM_UnInit 函数的说明

头文件	#include "bsp_pwm.h"
函数原型	void PWM0_UnInit(void) void PWM1_UnInit(void)
函数说明	用于取消映射，和 PWM_Init 函数的功能相反，成对出现，用于程序末尾
返回值	无返回值

5.3.3   通过软件 PWM 控制 LED 的亮灭

软件 PWM 是通过改变 GPIO 接口的高/低电平持续时间，来调整 PWM 占空比的。本节通过一个实例来介绍软件 PWM 的使用方法，相关代码保存在 ch5.2pwm_gpio.c 中。程序实现的功能是：通过软件 PWM 控制 LED 的亮灭，程序输入两个参数，分别表示高/低电平的持续时间，单位为 μs；通过调整占空比来控制 LED 亮灭。

本书所用的嵌入式开发板中的 LED，采用共阳极连接方式，因此 GPIO 接口输出低电平信号时，LED 会被点亮。在程序中设置 PWM 的占空比可以控制 LED 的亮灭。

（1）代码实现如下：

```
#include "../includeAll.h"
#define PortLED1 PG
#define PinLED1 3
int main(int argc, char *argv[])
{
    int i, dutyHigh, dutyLow;
    dutyHigh = atoi(argv[1]);
    dutyLow = atoi(argv[2]);
    printf("argv[1] is dutyHigh=%d;--argv[2] is dutyLow =%d\n", dutyHigh, dutyLow);
    GPIO_Init();
    GPIO_ConfigPinMode(PortLED1, PinLED1, OUT);
    GPIO_SetPin(PortLED1, PinLED1, 1);
    while(1)
    {
        GPIO_SetPin(PortLED1, PinLED1, 1);
        usleep(dutyHigh);                //延时
        GPIO_SetPin(PortLED1, PinLED1, 0);
        usleep(dutyLow);                 //延时
    }

    GPIO_Free();
}
```

（2）程序分析。程序通过系统自带的延时函数 usleep 来改变 GPIO 接口输出信号高/低电平的持续时间，从而控制 LED 的亮灭。

（3）PWM 接口与 LED 的连线方法。先将嵌入式开发板通电，连接调试接口；然后将嵌入式开发板的 IO-G03 插针连接至 D0 插针。PWM 接口与 LED 的连线方法如图 5.22 所示，连线方法的说明如表 5.12 所示。

图 5.22　PWM 接口与 LED 的连线方法

表 5.12　PWM 接口与 LED 的连线方法说明

嵌入式开发板核心板的输出接口	外 设 接 口	功　　能
IO-G03	P5-D0	LED0

（4）编译运行。通过编写好的 Makefile 文件，直接执行 make 命令来编译程序，命令如下：

```
root@LicheePi:/home/ch5.2pwm_gpio# make
root@LicheePi:/home/ch5.2pwm_gpio# ./pwm_gpio 100 100
argv[1] is dutyHigh=100;--argv[2] is dutyLow =100
```

这里占空比为 100/(100+100)=50%。运行程序后输入两个参数：一个是 dutyHigh，即信号高电平的持续时间；另一个是 dutyLow，即信号低电平的持续时间。

（5）运行结果。程序运行后，LED 开始闪烁。读者可以尝试通过改变 PWM 的占空比来控制 LED 的闪烁频率。

5.3.4　通过硬件 PWM 控制蜂鸣器的声音

硬件 PWM 是通过内部的硬件电路实现的。下面通过硬件 PWM 来控制蜂鸣器的声音，相关代码保存在 ch5.3pwm_hardware.c 中。程序实现的功能是：使用硬件 PWM 控制蜂鸣器的声音，可输入参数 cycle 和 duty。cycle 表示分频数，PWM 的初始频率为 100 kHz，如输入 100，则分频为 1 kHz。duty 为高电平的比例，改变占空比可以调整蜂鸣器声音的大小。

（1）代码实现如下：

```
#include "../includeAll.h"
int main(int argc, char *argv[])
{
    int cycle, duty;
    cycle = atoi(argv[1]);
    duty = atoi(argv[2]);
    printf("argv[1] is cycle =%d;--argv[2] is duty =%d\n", cycle, duty);
    PWM1_Init();
    PWM1_Config(cycle, duty);     //定义 PWM1 接口的占空比和频率
    sleep(10);
    PWM1_UnInit();
    return 0;
}
```

（2）程序分析。程序先对 PWM1 接口进行初始化，然后设置 PWM 的频率和占空比，10 s 后释放 PWM1 接口。

（3）PWM 接口与蜂鸣器的连线方法。先将嵌入式开发板核心板、底板电源和地连接好；然后将核心板的 PWM1 插针连接到底板上 P6 排针的 1 号插针（蜂鸣器）。PWM 接口与蜂鸣器的连线方法如图 5.23 所示，连线方法的说明如表 5.13 所示。

图 5.23　PWM 接口与蜂鸣器的连线方法

表 5.13　PWM 接口与蜂鸣器的连线方法说明

嵌入式开发板核心板的输出接口	外 设 接 口	功　　能
P2-PWM1	P6-BEEP	蜂鸣器

（4）编译运行。通过编写好的 Makefile 文件，直接执行 make 命令来编译程序，命令如下：

```
root@LicheePi:/home/ch5.3pwm_hardware# make
root@LicheePi:/home/ch5.3pwm_hardware# ./pwm_hardware 100 50
```

（5）运行结果。程序运行后可以听到蜂鸣器的声音，通过修改第 2 个参数可以调整蜂鸣器声音的大小。

5.3.5　软件 PWM 和硬件 PWM 的对比

硬件 PWM 的效率要远高于软件 PWM，但必须使用固定的 GPIO 接口，而软件 PWM 则不受 GPIO 引脚的限制，比较灵活。在前面两节的实例中，我们发现通过软件 PWM 同时控制 LED 和蜂鸣器的周期性波形是不可能的。本节给出的实例弥补了这个缺陷，相关代码保存在 ch5.4pwm_compare.c 文件中。程序实现的功能是：程序启动后 LED 持续闪烁；按住按键不松开时，LED 熄灭，通过硬件 PWM 控制蜂鸣器发声；松开按键后，LED 恢复闪烁，同时蜂鸣器继续发声；程序运行时输入参数可以修改蜂鸣器的发声。

（1）代码实现如下：

```
#include "../includeAll.h"
#define PortLED1 PG
#define PinLED1 3
#define PortKEY PG
#define PinKEY 5
int main(int argc, char *argv[])
{
    int i, key, timer = 0;
    int cycle, duty;
    cycle = atoi(argv[1]);
    duty = atoi(argv[2]);
    printf("argv[1] is cycle =%d;--argv[2] is duty =%d\n", cycle, duty);
    //----------------------------
    GPIO_Init();
    GPIO_ConfigPinMode(PortLED1, PinLED1, OUT);
    GPIO_ConfigPinMode(PortKEY, PinKEY, IN); //key 设置为输入
    GPIO_SetPin(PortLED1, PinLED1, 1);
    PWM1_Init();
    while (1)
    {
        key = GPIO_GetPin(PortKEY, PinKEY);          //获取按键的电平状态
        if (key == 1)                                //按键未按下为 1
        {   //LED 的闪烁周期为 100 ms，占空比为 50%
            GPIO_SetPin(PortLED1, PinLED1, 0);
            usleep(50 * 1000);
            GPIO_SetPin(PortLED1, PinLED1, 1);
            usleep(50 * 1000);
        }
        else                                         //按下按键时是低电平
        {   //启动 PWM1
            PWM1_Config(cycle, duty);
            while (0 == GPIO_GetPin(PortKEY, PinKEY)); //等待松开按键
        }
```

```
    }
    GPIO_Free();
    PWM1_UnInit();
    return 0;
}
```

（2）程序分析。程序启动后，PG5 接口产生方波信号；按键持续不松开时，PG5 接口停止产生方波信号，启动 PWM1；松开按键后，PG5 与 PWM1 均产生方波信号。

（3）PWM 接口与蜂鸣器、LED、KEY 的连线方法。将嵌入式开发板核心板、底板的电源和地分别连接好；将核心板的 PWM1 插针连接到底板上 P6 排针的 1 号插针（蜂鸣器）；将嵌入式开发板的 IO-G03 插针连接至 D0 插针（LED）；将底板的 IO-GO5 插针连接到底板上 P6 排针的 3 号插针（KEY0）。PWM 接口与蜂鸣器、LED、KEY 的连线方法如图 5.24 所示，连线方法说明如表 5.14 所示。

图 5.24　PWM 接口与蜂鸣器、LED、KEY 的连线方法

表 5.14　PWM 接口与蜂鸣器、LED、KEY 的连线方法说明

嵌入式开发板核心板的输出接口	外 设 接 口	功　　能
IO-G03	P5-D0	LED0
PWM1	P6-BEEP	蜂鸣器
IO-G05	P6-K0	按键 0

（4）编译运行。通过编写好的 Makefile 文件，直接执行 make 命令来编译程序，命令如下：

root@LicheePi:/home/ch5.4pwm_compare# make
root@LicheePi:/home/ch5.4pwm_compare# ./pwm_compare 100 50

（5）运行结果。在程序运行时，可以通过 cycle 参数和 duty 参数控制频率和占空比。即使松开按键，蜂鸣器也依然在发声，LED 也在闪烁，松开按键后两个接口的输出信号波形如图 5.25 所示。

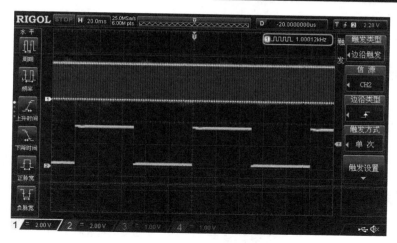

图 5.25　松开按键后两个接口的输出信号波形

软件 PWM 和硬件 PWM 的最大区别是硬件 PWM 在程序中断后仍会输出信号，而软件 PWM 则会中止信号的输出。

练习题 5

5.1　什么是示波器？

5.2　什么是触发？示波器的触发方式有哪些？

5.3　示波器三种触发方式的主要区别是什么？若要测试某一次按键按下到蜂鸣器发出声音之间的波形和延时，应采用哪种触发方式？

5.4　示波器探头的×1 挡和×10 挡有什么区别？

5.5　示波器使用前需要做什么调节？为什么？

5.6　常见的触发条件有哪些？

5.7　初始化 GPIO 接口后，常用的三个操作 GPIO 接口的函数是什么？

5.8　什么是占空比？假设有一个信号的高/低电平分别为 3 V 和 7 V，如果产生的模拟电压为 4 V，那么应该如何配置占空比？

5.9　简述软件 PWM 和硬件 PWM 的区别。

第 **6** 章

嵌入式 Linux 接口编程：UART

通信是指两个设备之间的数据传输，可以分为并行通信和串行通信。并行通信一般通过 8、16、32 和 64 等多条数据线同时传输数据，具有传输速率快的特点。串行通信通过少量的数据信号线、地线和信号控制线，按固定的形式一组一组地传输数据。串行通信需要的数据线少，特别适合远距离数据传输。UART 就是一种典型的串行通信协议。

本章将详细介绍 UART 编程，通过蓝牙模块和 485 型温湿度传感器，帮助读者深入理解串行通信技术。

6.1　串行通信协议的基础

由于串行通信具有成本低、抗干扰能力强等优点，已成为主流的通信方式。人们在日常生活中用得最多的串行通信是 USB（Universal Serial Bus）。串行通信可以分为同步串行通信和异步串行通信。同步串行通信通过一个独立的时钟信号（同步信号）来同步发送方和接收方，时钟信号一般由发送方提供，接收方根据时钟信号的变化读取数据，如 SPI 总线、I2C 总线都属于同步串行通信。异步串行通信无须时钟信号，在发送或接收数据之前，收发双方需要约定好时钟信号的频率。

6.1.1　串行通信协议的数据格式

本章主要介绍一种常用的异步串行通信协议——UART（Universal Asynchronous Receiver Transmitter，通用异步收发器）。UART 属于双向通信，可以实现全双工传输。

UART 的工作原理是将数据一位一位地传输，从数据起始位到停止位，构成一个数据帧。一个数据帧由 4 个部分组成：起始位、数据位、校验位和停止位。起始位用于通知接收方准备接收数据；数据位（低位在前高位在后）是需要发送的数据内容；校验位用来验证接收到的数据是否正确；停止位用于通知接收方数据传输结束。图 6.1 所示为不带空闲位的 UART 数据帧，上一个数据帧的停止位和下一个数据帧的起始位是紧邻的。

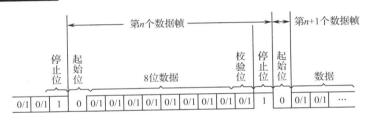

图 6.1　不带空闲位的 UART 数据帧

图 6.2 所示为带空闲位的 UART 数据帧，上一个数据帧的停止位和下一个数据帧的起始位之间有空闲位，存在空闲位是异步串行通信的特征之一。

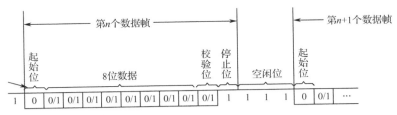

图 6.2　带空闲位的 UART 数据帧

UART 的参数说明如下：

（1）波特率：异步串行通信没有时钟信号，需要收发双方事先约定好传输速率，也就是波特率（Baud Rate）。在二进制通信中，波特率通常用每秒传输的数据位数来表示，单位是bps。在实际通信中，常用的波特率为 4800 bps、9600 bps、115200 bps、921600 bps 等。波特率越高，单位时间内能够传输的信息量就越大。

（2）起始位：起始位表示数据开始传输，由一个逻辑 0 的数据位表示，通知接收方准备接收数据。当不传输字符时应保持数据线为逻辑 1。

（3）有效数据：在起始位之后紧接着的是数据内容，也称为有效数据。有效数据的长度通常是 5、6、7 或 8 位，一般都是 8 位。要注意的是，传输数据时低位在前高位在后。

（4）校验位：在有效数据之后，有一个可选的校验位，用于进行有限的差错检测，需要事先约定校验方式。串行通信常用于远距离数据传输，更容易受到外部干扰而出现错误，校验位是为了检验数据。校验方法有奇校验（odd）、偶校验（even）、0 校验（space）、1 校验（mark）和无校验（noparity），具体如下：

奇校验要求有效数据和校验位中逻辑 1 的个数为奇数，例如一个 8 位长的有效数据01101001，有效数据中有 4 个逻辑 1，为了进行奇校验，需要添加逻辑 1 的校验位。

偶校验与奇校验要求刚好相反，要求有效数据和校验位中逻辑 1 的个数为偶数，例如一个 8 位长的有效数据 11001010，有效数据中有 4 个逻辑 1，为了进行偶校验，校验位为逻辑 0。

0 校验、1 校验是指不论有效数据中的内容是什么，校验位总为逻辑 0 或逻辑 1。

无校验是指数据帧中不包含校验位。

（5）停止位：停止位表示数据传输的结束，停止位一定是逻辑 1。停止位可以是 1 位、1.5 位或 2 位。停止位在通知数据传输结束的同时，也为下一次数据传输做好了准备。

6.1.2　串行通信协议的电气规则和电路连接方式

在 6.1.1 节中介绍串行通信的参数时，使用了逻辑 1 和逻辑 0。在 GPIO 接口中，逻辑 0 是 0 V，逻辑 1 是 3.3 V，但在串行通信中却不一样。串行通信常用于不同设备之间的数据传输，不同设备的逻辑电压是不同的。这就涉及电气规则这一概念。电气规则是指设备在电压、电流、导电性能等方面所具有的特性。

例如，RS-232 与 TTL 的数据传输波形如图 6.3 所示，虽然传输的原始二进制数据都是 10101010，但数据传输的波形却完全相反。这是因为在 RS-232 中，逻辑 0 为 3～15 V，逻辑 1 为-15～-3 V；而在 TTL 中，逻辑 0 为 0 V，逻辑 1 为+5 V。如果两个设备使用不同的电气规则，那么直接连线是无法进行通信的，甚至会烧毁通信接口。在设计通信电路前，需要对通信双方的电气规则做充分的了解，并选择合适的转换模块。

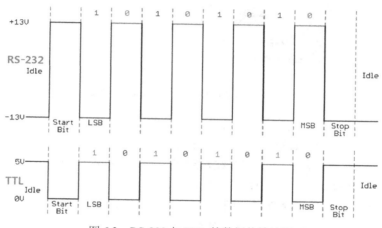

图 6.3　RS-232 与 TTL 的数据传输波形

不同的电气规则常常会有不同的接口，例如 RS-232 使用的接口是 DB9 接口，如图 6.4 所示。

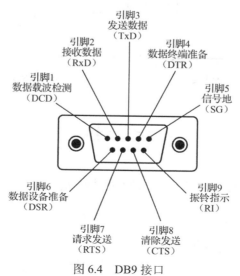

图 6.4　DB9 接口

另外一种常用的串行通信接口 RS-485 使用两条信号线的差分传输，两线间的电压差大于 0.2 V 时表示逻辑 1，两线间的电压差小于 0.2 V 时表示逻辑 0。

PC 可以通过 USB 转串口模块连接 UART 设备。USB 转串口模块可以将 USB 接口转变成 UART 接口，常用的 USB 转 UART 模块芯片有 CH340、PL2303、CP2102 等，本书使用的是 CH340，如图 6.5 所示。在使用 USB 转串口模块前，需要安装厂商提供的驱动程序。当 USB 转串口模块连接到 PC 后，可以在设备管理器中查看串口号（COM 口），如图 6.6 所示。

图 6.5　USB 转串口模块（CH340）　　图 6.6　在设备管理器中查看 COM 口

串行通信设备之间的连接方式可以采用最简单的三线制连接方式，即只需要两条数据线和一条地线即可。其中一条数据线是接收数据线，对应于接收数据的引脚（RX），用于接收数据；另一条数据线是发送（TX）数据线，对应于发送数据的引脚（TX），用于发送数据。UART 接口的电路连接如图 6.7 所示。

PC 和嵌入式开发板的电路连接如图 6.8 所示，通过 USB 转串口模块，可以将 PC 中的 USB 接口信号转换为 UART 接口的 TTL 信号。

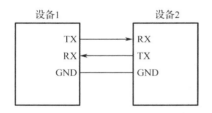

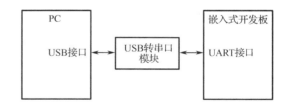

图 6.7　UART 接口的电路连接　　　　图 6.8　PC 和嵌入式开发板的电路连接

6.2　UART 接口信号的波形分析

想要对 UART 通信方式有深刻理解，最好的方法是捕获和分析 UART 接口信号的波形。

6.2.1　UART 接口信号的生成

串口调试助手可以非常方便地生成 UART 接口信号，串口调试助手软件非常多，本书采用 XCOM。在 XCOM 中设置基本的参数：在"串口选择"中选择实际的 COM 口，在"波特率"中选择"9600"，在"停止位"中选择"1"，在"数据位"中选择"8"，在"校验位"中选择"None"，勾选"16 进制发送"，并打开串口，如图 6.9 所示。

图 6.9　在 XCOM 中设置基本的参数

6.2.2　通过示波器捕获 UART 接口信号的波形

在使用示波器捕获 UART 接口信号的波形前，需要先将 USB 转串口模块的 TX 引脚和 GND 引脚连接到示波器通道 1；然后将示波器的触发方式设置为 Single 方式，触发条件为下降沿触发，触发电压为 1.5 V。

1．发送 1 B 数据时 UART 接口信号的波形

通过 XCOM 发送数据"0xAA"（1 B 的数据），此时示波器捕获到的波形如图 6.10 所示。在 XCOM 设置的波特率为 9600，表示发送一位数据大约需要 100 μs，示波器屏幕上方的"200us"表示横坐标一格所用的时间。当信号逻辑 1 跳转到逻辑 0 时表示起始位，起始位后面是数据位，共 8 位数据，占示波器横坐标中 4 格，最后的逻辑 1 为停止位。由于 UART 传输数据时低位在前高位在后，因此可以得知发送的实际数据为 10101010，即 0xAA。

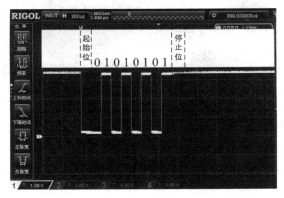

图 6.10　发送 1 B 数据时示波器捕获到的波形

2. 发送 2 B 数据时 UART 接口信号的波形

通过 XCOM 发送数据"0xAA""0x55"（2 B 的数据），此时示波器捕获到的波形如图 6.11 所示。根据示波器捕获到的波形可知，发送的实际数据为 10101010 01010101，即 0xAA 和 0x55。

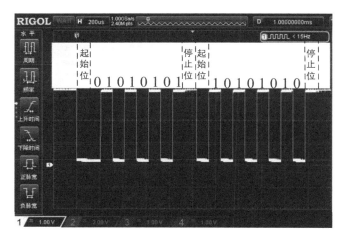

图 6.11　发送 2 B 数据时示波器捕获到的波形

3. 发送多字节数据时 UART 接口信号的波形

通过 XCOM 发送数据"0xAA""0x55""0xAA""0x55"（多字节的数据），此时示波器捕获到的波形如图 6.12 所示。

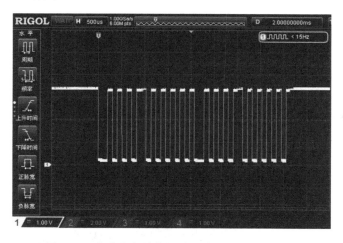

图 6.12　发送多字节数据时示波器捕获到的波形

在通过示波器来分析 UART 接口信号的波形时，需要使用示波器获取每一位数据的持续时间来确认发送数据的正确性。分析过程是先计算每位数据的长度；再找到数据的起始位，读取所有的数据，去掉数据的起始位和结束位；最后颠倒数据的顺序，此时可得到发送的数据。从图 6.12 所示的示波器波形来看，发送过程中的帧数据之间区分得并不明显。如果传输的是几十个字节、几百个字节的数据，使用示波器来进行分析是无法想象的。那么有没有更加方便的设备可以分析 UART 接口信号的波形呢？答案是逻辑分析仪。

6.2.3　通过逻辑分析仪捕获 UART 接口信号的波形

本节介绍另一种常用的电子测量仪器——逻辑分析仪。逻辑分析仪并不能测试信号的模拟特性，而是先将被测信号转化为逻辑 0 或逻辑 1，再针对数字信号的时序进行分析。逻辑分析仪支持多种触发条件，以及全面的协议内容分析，适合数字通信过程和复杂协议的分析。

1．逻辑分析仪简介

逻辑分析仪可以采集指定信号的时序波形，开发人员根据采集到的时序波形，按照协议来分析、排查软硬件中的错误，尤其是在分析 UART、I2C 总线、SPI 总线等的时序信号时，通过逻辑分析仪能迅速发现问题。逻辑分析仪以总线的概念为基础，可同时对多条数据线上的数据流进行观察和测试，在测试和分析复杂的数字系统时非常有效。

2．逻辑分析仪工作原理

首先，逻辑分析仪的探头监测信号后，将这些信号以并行形式送入比较器。其次，在比较器中比较信号与设定的门限，大于门限的信号输出高电平信号，反之输出低电平信号。接着，对输出的高/低电平信号进行比较整形，将比较整形后的信号送到采样器，在时钟脉冲的控制下进行采样，并将采样得到的信号按顺序存入存储器。最后，通过显示命令逐一读取存储在存储器中的信号，并显示信号的波形。

3．逻辑分析仪的主要参数

逻辑分析仪的主要参数如下：

（1）采样频率。在确定采样频率前需要先确定待测信号的频率。本书使用的是简易版逻辑分析仪，其采样频率是 24 MHz，根据奈奎斯特采样定律，可以无失真地还原 12 MHz 以下的信号。但在实际使用中，为了保证测量的精度，逻辑分析仪的采样频率应至少是被测信号频率的 5 倍，最好能达到 10 倍。

（2）存储深度。对逻辑分析仪而言，存储深度决定了固定采样频率下所能捕获逻辑波形的时间长度。存储深度越大，在固定采样频率下能捕获到更长时间的波形，这有利于分析低概率偶发异常问题。

（3）触发条件。启动逻辑分析仪后，将开始实时监测输入信号，只有在满足一定触发条件时才能捕获信号的波形，这与示波器非常类似。逻辑分析仪有上升沿、下降沿、高电平和低电平四种触发方式。

4．逻辑分析仪使用方法

本书所用的逻辑分析仪如图 6.13 所示，使用的逻辑分析软件界面如图 6.14 所示。

逻辑分析仪有 8 个通道（Channel 0～Channel 7），每个通道具有一个设置按钮"🔧"，通过该按钮可以设置通道的带宽（如 1×、2×、3×、4×），以及隐藏通道的功能。用户根据具体情况保留所需的通道个数即可。将逻辑分析仪的通道和串口的信号线连接起来，同时接好地线，就可以设置逻辑分析仪的相关参数了。主要的参数设置如下所示：

图 6.13　逻辑分析仪实物图

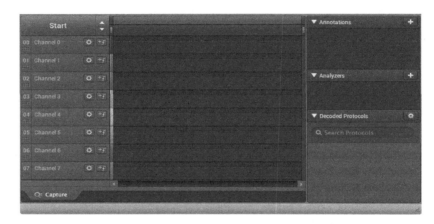

图 6.14　逻辑分析软件界面

（1）设置采样速度（Speed）和采样时间（Duration），如图 6.15 所示。

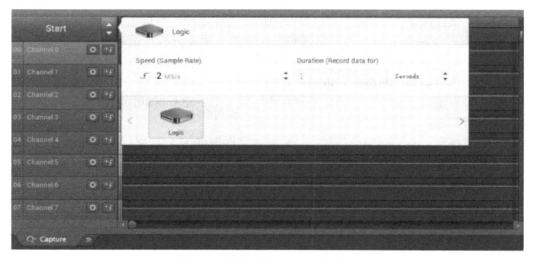

图 6.15　设置采样速度和采样时间

（2）选择通信协议。单击"Analyzers"右侧的"+"按钮，可弹出通信协议选择菜单，在该菜单中可选择输入数据采用的通信协议，如"Async Serial""I2C""SPI"等，本书选择"Async Serial"。选择"Async Serial"后可弹出"Analyzer Settings"对话框。通信协议的选择如图6.16所示。

 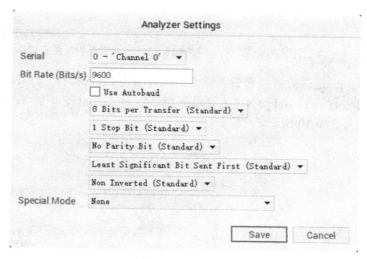

图 6.16　通信协议的选择

（3）设置触发条件。逻辑分析仪的触发方式包括上升沿触发、下降沿触发、高电平触发和低电平触发，默认是不设置触发条件。触发条件的设置如图6.17所示。

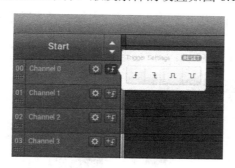

图 6.17　触发条件的设置

设置好逻辑分析仪的参数后，单击逻辑分析软件界面中的"Start"按钮，就可以开始捕获信号的波形了。当满足触发条件后，逻辑分析仪就会将捕获到的信号波形显示在逻辑分析软件的界面中。

5．UART 接口信号波形的分析

在熟悉了逻辑分析仪的使用方法后，现在我们用逻辑分析仪分析6.2.2节的UART数据波形，来验证通信时序是否正确，具体过程如下：

（1）连线。USB转串口模块的TX和GND连接逻辑分析仪通道0和GND，PC和逻辑分析仪的连接模型如图6.18所示。

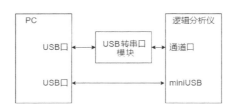

图 6.18　PC 和逻辑分析仪的连接模型

（2）逻辑分析仪设置。设置采样频率为 2 MS/s，即 2 MHz，采样时间为 1 s，将通道 0 的名称设置为 UART_TX，协议设置为 "Async Serial"，波特率设置为 115200，其余设置保持不变，如图 6.19 所示。

图 6.19　逻辑分析仪设置

单击 "Async Serial" 右侧齿轮标志，选择 "Hex" 表示以十六进制分析数据，如图 6.20 所示。

将通道触发方式设置为下降沿触发，如图 6.21 所示。

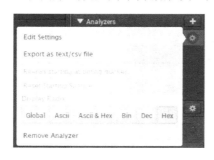

图 6.20　以十六进制分析数据　　　　图 6.21　触发方式设置为下降沿触发

（3）单击 "Start" 按钮，同时使用 XCOM，设置波特率为 115200，发送数据为 0xAA55AA55，采集到的波形如图 6.22 所示，在波形的上方软件已经帮我们分析好了数据。如果波特率错误设置为 9600，此时采集到的波形如图 6.23 所示，无法正确读取波形。

图 6.22　波特率为 115200 时采集到的波形

图 6.22 中，波形的上方直接显示了数据分析结果。相比示波器而言，逻辑分析仪不仅能方便抓取波形，同时还可以直接分析数据。

图 6.23　波特率为 9600 时采集到的波形

XCOM 软件的界面有两个选项："16 进制发送"和"16 进制显示"。选项"16 进制发送"决定了 UART 接口传输的是字符串还是十六进制数据。例如，若待发送数据为"a1"，当勾选该选项后，会将"a1"作为 0xa1 进行发送；当不勾选该选项时，会将"a"和"1"的 ASCII 码发送。

6.3　UART 编程

接下来介绍如何进行 UART 接口编程，并通过学习相关接口函数，实现串行通信。在嵌入式开发板上有两个独立的 UART 接口，分别为 UART1 和 UART2，两个 UART 接口的相关函数均保存在 bsp_uart.c 文件中。

6.3.1　嵌入式 Linux 的 UART 接口函数

第 1 个接口函数是 bsp_uart1_Setup，其功能是对 UART1 进行初始化，该函数的说明如表 6.1 所示。

表 6.1　bsp_uart1_Setup 函数的说明

头文件	#include "bsp_uart.h"
函数原型	void bsp_uart1_Setup()
函数说明	该函数的功能是对 UART1 接口进行初始化，包括波特率、数据位、停止位、校验位和流控制
相关函数	int tcgetattr(int fd, struct termios *termios_p);　　　　//获取当前 UART1 接口属性 int cfsetispeed(struct termios *termios_p, speed_t speed);　//设置输出波特率 int cfsetospeed(struct termios *termios_p, speed_t speed);　//设置输入波特率 int tcflush(int fd,int queue_selector);　　　　　　//刷新 UART1 接口缓存 int tcsetattr(int fd, int optional_actions, const struct termios *termios_p);　//设置新的属性到 UART1 接口文件
返回值	无返回值

设置波特率、使能 UART1 接口、设置 8 位数据位的代码如下：

```
cfsetispeed(&options,B9600);              //设置输入的波特率为 9600 bps
cfsetospeed(&options,B9600);              //设置输出的波特率为 9600 bps
options.c_cflag |= CLOCAL | CREAD;        //接收使能
options.c_cflag &= ~CSIZE;               //设置 8 位数据位
options.c_cflag |= CS8;
```

第 2 个接口函数是 bsp_uart2_Setup，其功能是初始化 UART2 接口，该函数的说明如表 6.2 所示。

表 6.2　bsp_uart2_Setup 函数的说明

头文件	#include "bsp_uart.h"
函数原型	void bsp_uart2_Setup()
函数说明	该函数的功能是对 UART2 接口进行初始化，包括波特率、数据位、停止位、校验位和流控制
相关函数	int tcgetattr(int fd, struct termios *termios_p);　　　　//获取当前 UART2 接口属性 int cfsetispeed(struct termios *termios_p, speed_t speed);　//设置输出波特率 int cfsetospeed(struct termios *termios_p, speed_t speed);　//设置输入波特率 int tcflush(int fd, int queue_selector);　　　　　　　//刷新 UART2 接口缓存 int tcsetattr(int fd, int optional_actions, const struct termios *termios_p);　//设置新的属性到 UART2 接口文件
返回值	无返回值

设置波特率、使能 UART2 接口、设置 8 位数据位的代码如下：

```
cfsetispeed(&options,B4800);           //设置输入的波特率为 4800 bps
cfsetospeed(&options,B4800);           //设置输出的波特率为 4800 bps
options.c_cflag |= CLOCAL | CREAD;      //接收使能
options.c_cflag &= ~CSIZE;             //设置 8 位数据位
options.c_cflag |= CS8;
```

以上 2 个函数分别初始化了两个 UART 接口，对应的波特率分别是 9600 bps 和 4800 bps。如果需要使用其他的波特率，可以在 bsp_uart.c 文件中进行修改。

6.3.2　串口测试程序

本节编写一个简单的串口测试程序，用于实现数据收发。程序实现的功能是：嵌入式开发板的 UART1 接口在初始化后处于等待接收数据的状态；通过串口调试助手 XCOM 使用波特率 115200 bps 向嵌入式开发板的 UART1 接口发送数据；嵌入式开发板将 UART1 接口接收到的数据按原路发送到串口调试助手 XCOM。在数据发送过程中，使用逻辑分析仪分析信号的波形。

（1）代码实现如下：

```
#include "../includeAll.h"
#define RecvSize 100
int main(int argc, char **argv)
{
    int i;
    int len;
    char recv_buf[RecvSize];
    //打开串口，返回文件描述符
    fdUart1 = open(pathUart1, O_RDWR | O_NOCTTY | O_NDELAY);
    //设置串口的参数，如波特率、数据位、停止位、校验位、流控制等
    bsp_uart1_Setup(fdUart1);
    while (1)
    {
        memset(recv_buf, 0, sizeof(recv_buf));        //清除串口缓存
```

```
        len = read(fdUart1, recv_buf, RecvSize - 1);
        if (len > 0)
        {
            printf("receive data is: %s\n", recv_buf);
            len = write(fdUart1, recv_buf, strlen(recv_buf));
            if (len = strlen(recv_buf))
                printf("send data is ok: %s\n", recv_buf);
            else
                printf("send data failed!\n");
        }
        else
            printf("No receive data! \n");
        sleep(5);
    }
    close(fdUart1);
    return 0;
}
```

　　注意：本程序使用的波特率是 115200 bps，因此需要在 bsp_uart.c 中将 UART1 的波特率修改为 115200 bps。

　　（2）程序分析。程序首先初始化嵌入式开发板上的 UART1 接口，然后等待接收串口调试助手 XCOM 发送的数据；最后在 UART1 接收到数据后将数据发送给串口调试助手 XCOM。

　　（3）UART1 接口的连线方法。将嵌入式开发板 UART1 接口的 TX 和 RX 分别连接 USB 转串口模块的 RX 和 TX，同时将 UART1 接口的 TX 和 RX 连接到逻辑分析仪。USB 转串口模块、逻辑分析仪和嵌入式开发板共同接地。UART1 接口的连线方法如图 6.24 所示，连线方法说明如表 6.3 所示。

图 6.24　UART1 接口的连线方法

表 6.3　UART1 接口连线方法的说明

嵌入式开发板核心板的输出接口	外 设 接 口	逻辑分析仪接口	功　能
P3-UART1-TX	USB 转串口模块 RX	通道 0	UART1 接口发送数据
P3-UART1-RX	USB 转串口模块 TX	—	UART1 接口接收数据

（4）编译运行。通过编写好的 Makefile 文件，直接执行 make 命令来编译程序，命令如下：

root@LicheePi:/home/ch6.1uart1Test# make
root@LicheePi:/home/ch6.1uart1Test# ./uart1Test

（5）运行结果。串口调试助手 XCOM 发送的数据如图 6.25 所示，逻辑分析仪捕获到的信号波形如图 6.26 所示。

图 6.25　串口调试助手 XCOM 发送的数据

图 6.26　逻辑分析仪捕获到的信号波形

调试接口结果如下：

No receive data!
receive data is: 1234
send data is ok: 1234

这里的串口调试助手 XCOM 没有勾选"16 进制发送"，数据是以 ASCII 的形式发送的，逻辑分析仪选择 ASCII 方式分析数据。请读者思考一下，如果逻辑分析仪选择 Hex 方式，那么会得到什么样的信号波形。

6.4　蓝牙模块的原理与编程

UART 是一种通用的通信协议，通过 UART 可以连接很多外设，如蓝牙模块和 Wi-Fi 模块。本节介绍蓝牙模块的原理与编程。

6.4.1　蓝牙模块的原理

本书所用的嵌入式开发板的蓝牙模块是 JDY-33。该蓝牙模块是基于蓝牙 3.0 SPP+BLE 设计的，采用经典蓝牙+BLE 的模式，支持 PC 和智能手机通信之间的数据透传，工作频段为 2.4 GHz，调制方式为 GFSK，最大发送功率可达 6 dBm，最大通信距离可达 30 m，用户可以通过 AT 命令修改蓝牙模块的参数。JDY-33 的实物图如图 6.27 所示。

图 6.27　JDY-33 的实物图

JDY-33 支持 AT 命令，可以通过串口调试助手 XCOM 发送 AT 命令（需要在 AT 命令结尾加上 "\r\n"）。JDY-33 常用的 AT 命令如表 6.4 所示。

表 6.4　JDY-33 常用的 AT 命令

序　号	AT 命令	功　　　能	默认返回值
1	AT	测试	+OK
2	AT+VERSION	查询版本号	JDY-33-V1.1
3	AT+STAT	查询连接状态	00
4	AT+BAUD	设置与查询波特率	9600
5	AT+NAME	设置与查询经典蓝牙的广播名	JDY-33-SPP
6	AT+NAMB	设置与查询 BLE 广播名	JDY-33-BLE
7	AT+PIN	设置与查询连接密码	1234
8	AT+LADDR	查询蓝牙模块的 MAC 地址	—
9	AT+RESET	软复位	—
10	AT+DEFAULT	恢复出厂设置	—
11	AT+DISC	断开连接（连接状态下有效）	—

6.4.2　蓝牙模块的接口函数

在 UART 与蓝牙模块进行通信时，需要编写蓝牙模块的驱动程序。在编写驱动程序时，需要使用蓝牙模块的接口函数。常用的接口函数保存在 driver_uartBluetoothJDY33.c 文件中，下面对这些接口函数进行介绍。

第 1 个接口函数是 driver_Bluetooth_AT，该函数的功能是通过发送 AT 命令来测试蓝牙模块是否能正常运行，该函数的说明如表 6.5 所示。

表 6.5　driver_Bluetooth_AT 函数的说明

头文件	#include "driver_uartBluetooth.h"
函数原型	int driver_Bluetooth_AT(void)
函数说明	该函数通过 UART 接口向蓝牙模块发送 AT 命令，并将蓝牙模块返回的数据与 AT 命令表中的数据进行比较。该函数无参数
返回值	返回值为"+OK"

driver_Bluetooth_AT 函数的代码如下：

```
int driver_Bluetooth_AT(void)
{
    char *uart1_tx_buf = "AT\r\n";
    int len = 0;
    len = write(fdUart1, uart1_tx_buf, strlen(uart1_tx_buf));
    if (len == strlen(uart1_tx_buf))
        printf("send command is: %s\n", uart1_tx_buf);
    else
        printf("send data failed!\n");
    sleep(1);
    memset(uart1_rx_buf, 0, sizeof(uart1_rx_buf));        //清除 UART 接口的缓存
    len = read(fdUart1, uart1_rx_buf, rxSize - 1);
    if (len > 0)
    {
        uart1_rx_buf[len] = '\0';
        printf("uart1 receive data: %s", uart1_rx_buf);
        if (strstr(uart1_rx_buf, "+OK") != NULL)
        {
            return 0;
        }
        else
        {
            printf("Bluetooth responds error!\n");
            return 1;
        }
    }
    else
    {
        printf("Bluetooth AT failed!\n");
        return 1;
    }
}
```

上述代码通过 UART 接口发送 AT 命令，等待蓝牙模块的返回值。若蓝牙模块的返回值是"+OK"，则表明蓝牙模块处于正常的工作状态。

第 2 个接口函数是 driver_Bluetooth_AT_STAT, 该函数的功能是查询连接状态, 01 表示 BLE 连接; 02 表示 SPP 连接, 该函数的说明如表 6.6 所示。

表 6.6　driver_Bluetooth_AT_STAT 函数的说明

头文件	#include "driver_uartBluetooth.h"
函数原型	int driver_Bluetooth_AT_STAT(void)
函数说明	该函数通过 UART 接口向蓝牙模块发送 "AT+STAT" 来查询连接状态。该函数无参数
返回值	返回值为 "+STAT=<Param>"。Param 为 01 或 02, 01 表示 BLE 连接, 02 表示 SPP 连接

第 3 个接口函数是 driver_Bluetooth_AT_NAME, 该函数的功能是返回蓝牙模块的名称, 默认的名称是 JDY-33-SPP, 该函数的说明如表 6.7 所示。

表 6.7　driver_Bluetooth_AT_NAME 函数的说明

头文件	#include "driver_uartBluetooth.h"
函数原型	int driver_Bluetooth_AT_NAME (void)
函数说明	该函数通过 UART 接口向蓝牙模块发送 "AT+ NAME" 来得到蓝牙模块的名称。该函数无参数
返回值	返回值为 "+NAME=<Param>", Param 为蓝牙模块的名称, 默认的名称是 JDY-33-SPP

第 4 个接口函数是 driver_Bluetooth_AT_NAME_Setup, 该函数的功能是设置蓝牙的名称, 该函数的说明如表 6.8 所示。

表 6.8　driver_Bluetooth_AT_NAME_Setup 函数的说明

头文件	#include "driver_uartBluetooth.h"
函数原型	int driver_Bluetooth_AT_NAME_Setup(char Param[])
函数说明	该函数通过 UART 接口向蓝牙模块发送 "AT+ NAME+名称" 来设置蓝牙模块的名称。该函数的参数 Param[]是字符型数组, 存放的是蓝牙模块的新名称
返回值	返回值为 "+OK"

第 5 个接口函数是 driver_Bluetooth_AT_RESET, 该函数的功能是通过 "AT+RESET" 重启蓝牙模块, 返回值为 "+OK", 该函数的说明如表 6.9 所示。

表 6.9　driver_Bluetooth_AT_RESET 函数的说明

头文件	#include "driver_uartBluetooth.h"
函数原型	int driver_Bluetooth_AT_ RESET (void)
函数说明	该函数通过 UART 接口向蓝牙模块发送 "AT+ RESET" 来重启蓝牙模块。该函数无参数
返回值	返回值为 "+OK"

第 6 个接口函数是 driver_Bluetooth_AT_SendData, 该函数通过 UART 接口向蓝牙模块发送数据, 采用的是无线方式, 该函数的说明如表 6.10 所示。

表 6.10 driver_Bluetooth_AT_SendData 函数的说明

头文件	#include "driver_uartBluetooth.h"
函数原型	int driver_Bluetooth_AT_SendData (char data[])
函数说明	该函数通过 UART 接口向蓝牙模块发送数据，其参数 data[]是字符型数组，存放的是要发送的数据
返回值	返回值为 0 表示数据发送成功，返回值为 1 表示数据发送失败

driver_Bluetooth_AT_SendData 函数的代码如下：

```
int driver_Bluetooth_AT_SendData(char Data[])
{
    int len = 0;
    len = write(fdUart1, Data, strlen(Data));
    if (len == strlen(Data))
    {
        printf("send data is: %s\n", Data);
        return 0;
    }
    else
    {
        printf("send data failed!\n");
        return 1;
    }
    sleep(1);
}
```

第 7 个接口函数是 driver_Bluetooth_AT_ReceiveData，该函数的功能是将蓝牙模块接收到数据发送给 UART 接口，此时只要读取 UART 接口的内容即可获得蓝牙模块接收到的数据。该函数的说明如表 6.11 所示。

表 6.11 driver_Bluetooth_AT_ ReceiveData 函数的说明

头文件	#include "driver_uartBluetooth.h"
函数原型	int driver_Bluetooth_AT_ ReceiveData (void)
函数说明	该函数的功能是将蓝牙模块接收到的数据发送给 UART 接口。该函数无参数
返回值	返回接收到的数据长度

driver_Bluetooth_AT_ ReceiveData 函数的代码如下：

```
int driver_Bluetooth_AT_ReceiveData()
{
    int len = 0;
    len = read(fdUart1, uart1_rx_buf, rxSize - 1);
    return len;
}
```

6.4.3　蓝牙模块的编程

本节通过蓝牙模块来实现智能手机与嵌入式开发板之间的无线通信，需要在手机上安装蓝牙调试助手 App，该 App 的作用类似于 PC 中的串口调试助手。智能手机与嵌入式开发板的连接方式如图 6.28 所示。

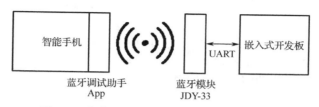

图 6.28　智能手机与嵌入式开发板的连接方式

程序实现的功能是：通过 UART 接口向蓝牙模块发送 AT 命令；通过智能手机中的蓝牙调试助手 App 连接蓝牙模块；通过智能手机发送数据来控制 LED 的亮灭，发送"0"时只点亮 LED0，发送"1"时只点亮 LED1，发送"2"时只点亮 LED2。

（1）代码实现如下：

```
#include "../includeAll.h"
#define PortLED0 PG
#define PinLED0 5
#define PortLED1 PG
#define PinLED1 4
#define PortLED2 PG
#define PinLED2 3
void InitAll()        //初始化 UART1、串口和蓝牙，定义蓝牙名称
{
    fdUart1 = open(pathUart1, O_RDWR | O_NOCTTY | O_NDELAY);
    GPIO_Init();
    GPIO_ConfigPinMode(PortLED0, PinLED0, OUT);
    GPIO_ConfigPinMode(PortLED1, PinLED1, OUT);
    GPIO_ConfigPinMode(PortLED2, PinLED2, OUT);
    bsp_uart1_Setup();
    driver_Bluetooth_AT();
    driver_Bluetooth_AT_NAME();
    driver_Bluetooth_AT_STAT();
    driver_Bluetooth_AT_NAME_Setup("JDY-33-SPP1234\r\n");
    driver_Bluetooth_AT_RESET();
}
int main()
{
    InitAll();
    while (1)
    {
        int len = 0;
        memset(uart1_rx_buf, 0, sizeof(uart1_rx_buf));        //清除串口缓存
```

```
        len = driver_Bluetooth_AT_ReceiveData();
        if (len > 0)
        {
            uart1_rx_buf[len] = '\0';
            printf("receive data is: %s\n", uart1_rx_buf);
            switch (uart1_rx_buf[0])
            {
            case '0':
                GPIO_SetPin(PortLED0, PinLED0, 0);
                GPIO_SetPin(PortLED1, PinLED1, 1);
                GPIO_SetPin(PortLED2, PinLED2, 1);
                break;
            case '1':
                GPIO_SetPin(PortLED0, PinLED0, 1);
                GPIO_SetPin(PortLED1, PinLED1, 0);
                GPIO_SetPin(PortLED2, PinLED2, 1);
                break;
            case '2':
                GPIO_SetPin(PortLED0, PinLED0, 1);
                GPIO_SetPin(PortLED1, PinLED1, 1);
                GPIO_SetPin(PortLED2, PinLED2, 0);
                break;
            default:
                GPIO_SetPin(PortLED0, PinLED0, 1);
                GPIO_SetPin(PortLED1, PinLED1, 1);
                GPIO_SetPin(PortLED2, PinLED2, 1);
                break;
            }
        }
        else
            sleep(1);
    }
    GPIO_Free();
    close(fdUart1);
    return 0;
}
```

注意：蓝牙模块使用的波特率为 9600 bps，因此需要在 bsp_uart.c 文件中确认对应串口 1 的波特率是否为 9600 bps。

（2）程序分析。首先对蓝牙模块进行初始化，在设定蓝牙模块的名称后重启蓝牙模块；然后监测蓝牙模块接收到的数据，并根据接收到的数据点亮对应的 LED。

（3）蓝牙模块与嵌入式开发板的连线方法。将嵌入式开发板核心板 UART1 接口的 TX 和 RX 引脚分别与蓝牙模块的 RX 和 TX 引脚连接起来，嵌入式开发板的 IO-G05、IO-G04 和 IO-G03 分别连接 LED0、LED1 和 LED2。蓝牙模块与嵌入式开发板的连线方法如图 6.29 所示，连线方法的说明如表 6.12 所示。

图 6.29　蓝牙模块与嵌入式开发板的连线方法

表 6.12　蓝牙模块与嵌入式开发板连线方法的说明

嵌入式开发板核心板的输出接口	外 设 接 口	功　　能
P2-G03	P5-D2	LED2
P2-G04	P5-D1	LED1
P2-G05	P5-D0	LED0
P3-UART1-TX	P7-RX	UART 接口发送数据
P3-UART1-RX	P7-TX	UART 接口接收数据

（4）编译运行。通过编写好的 Makefile 文件，直接执行 make 命令来编译程序，命令如下：

```
root@LicheePi:/home/ch6.2uart1Bluetooth# make
root@LicheePi:/home/ch6.2uart1Bluetooth# ./uart1Bluetooth
```

（5）运行结果。测试完 AT 命令后，智能手机可连接到蓝牙模块 JDY-33，智能手机可通过发送不同的数据来控制 LED 的亮灭。运行结果如下：

```
end command is: AT
uart1 receive data: +OK

send command is: AT+NAME
uart1 receive data: +NAME=JDY-33-SPP1234

send command is: AT+STAT
uart1 receive data: +STAT=00
```

```
send command is: AT+NAMEJDY-33-SPP1234
uart1 receive data: +OK

send command is: AT+RESET
+OK

receive data is: +CONNECTING<<48:2C:A0:26:E7:99

CONNECTED

receive data is: 0
receive data is: 1
receive data is: 2
receive data is: 0
receive data is: +DISC:SUCCESS
```

需要注意的是，当蓝牙模块 JDY-33 与智能手机断开后，AT 命令才会对蓝牙模块进行设置；否则会把 AT 命令看成数据来传输。

6.5 485 型温湿度传感器的原理与编程

蓝牙模块采用的是 UART 接口（采用的是 TTL 电气特性），但在实际的开发中，很多外设是通过 RS-232 和 RS-485 接口来连接的，它们都属于串行通信协议，它们之间有什么区别呢？

如果将 USB 转串口模块的 TX、RX 线延长，则在超过 3 m 时采用 UART 接口就会出现明显的错误。要提高数据传输的性能，可以通过提高电压或者采用差分信号的方法来提高抗干扰能力，这就是 RS-232 和 RS-485 接口的由来。UART、RS-232 和 RS-485 接口的电气特性参数如表 6.13 所示。

表 6.13 UART、RS-232 和 RS-485 接口的电气特性参数

接　　口	UART	RS-232	RS-485
逻辑 0	0 V	+3～+15V	小于 0.2 V
逻辑 1	3.3 或+5 V	−15～−3 V	大于 0.2 V
传输方式	共模	共模	差分
传输距离/m	3	15	1200

RS-232 接口的逻辑 0 对应的电压为 3～15 V，逻辑 1 对应的电压为-15～-3 V。通过提高传输信号的电压，以及采用正负电压可提高传输距离。在实际应用中，RS-232 接口的传输距离可以达到 15 m。

RS-485 接口采用差分信号来传输数据，使用一对双绞线，将其中一条定义为 A 线，另一条定义为 B 线，通过 A 线与 B 线的电压差来定义逻辑 0 或逻辑 1，这样就可以抑制共模干扰。RS-485 接口的传输距离可达 1200 m。与 RS-232 接口相比，RS-485 接口的电压低，不易损坏

接口，并且其电压与 TTL 电气特性的电压兼容，可方便与 TTL 电路连接。接下来将介绍 RS-485 接口的通信原理，并通过 485 型温湿度传感器来深入理解串行通信技术的原理。

6.5.1　RS-485 接口的通信原理

1. RS-485 接口简介

RS-485 是美国电气工业联合会（EIA）制定的利用平衡双绞线作为传输线的多点通信标准，该标准采用差分信号来传输数据，相应的接口最多可连接 32 个收发器，接收的灵敏度可达+200 mV，最大传输速率可达 2.5 Mbps。由此可见，RS-485 接口适合远距离、高灵敏度、多点通信。

RS-485 接口采用差分信号，有 2 条信号线，当两线间的电压差为+2～+6 V 时表示逻辑 1，当两线间的电压差为-6～-2 V 时表示逻辑 0，所以只能工作在半双工模式，通常采用主从通信方式，即一个主机带多个从机。

2. 串口转 485 模块的原理

由于电气特性的不同，串口与 RS-485 接口之间需要进行电气特性的转换。本书采用的转换模块是 MAX485，其工作电压为+5 V，采用半双工模式，可将 TTL 电压转换为 RS-485 电压。MAX485 的内部结构与引脚如图 6.30 所示。

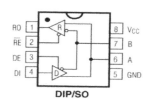

图 6.30　MAX485 的内部结构与引脚

MAX485 内部包括一个驱动器和接收器。RO 和 DI 引脚分别为接收器的输出端和驱动器的输入端，分别与微处理器的 RXD 和 TXD 引脚相连；$\overline{RE}$ 和 DE 引脚分别为接收和发送的使能端，当 $\overline{RE}$ 为逻辑 0 时，器件处于接收状态；当 DE 为逻辑 1 时，器件处于发送状态。因为 MAX485 工作在半双工模式，所以只需要使用微处理器的一个引脚来控制；A 和 B 引脚分别为差分信号引脚，当 A 引脚的电压高于 B 引脚时，表示发送的数据为 1；当 A 引脚的电压低于 B 引脚时，表示发送的数据为 0。A 和 B 引脚之间需要匹配电阻，一般可选 120 Ω 的电阻。MAX485 的引脚说明如表 6.14 所示。

表 6.14　MAX485 的引脚说明

引 脚 序 号	引脚名称	引 脚 说 明	功　　能
1	RO	接收器的输出端	若 A 引脚的电压比 B 引脚的电压高 200 mV，则 RO 为高电平；若 B 引脚的电压比 A 引脚的电压高 200 mV，则 RO 为低电平
2	$\overline{RE}$	接收使能端	当 $\overline{RE}$ 为低电平时，RO 有效；当 $\overline{RE}$ 为高电平时，RO 为高阻态
3	DE	发送使能端	当 DE 为高电平时，驱动器输出有效；当 DE 为低电平时，驱动器输出为高阻态；当驱动器输出有效时，器件被用于驱动器；在高阻态下，若 $\overline{RE}$ 为低电平，则器件被用于接收器
4	DI	驱动器的输入端	DI 引脚为低电平时强制输出为逻辑 0；DI 引脚为高电平时强制输出逻辑 1
5	GND	地	接地

续表

引脚序号	引脚名称	引脚说明	功 能
6	A	差分信号引脚	接收器同相输入端和驱动器同相输出端
7	B	差分信号引脚	接收器反向输入端和驱动器反向输出端
8	V_{CC}	电源	接电源正极

由表 6.14 可知，DE 引脚为低电平、$\overline{RE}$ 引脚为低电平时可接收数据；DE 引脚为高电平、$\overline{RE}$ 引脚为高电平时可发送数据；RO 引脚为接收数据引脚，DI 引脚为发送数据引脚。因此，通常将 DE 和 $\overline{RE}$ 直接连接，使用一个 GPIO 接口来控制。

3．RS-485 接口自动收发电路

带收发控制引脚的 RS-485 接口在编程时需要切换控制引脚的电压，增加了程序的复杂度。为了便于编程，常常采用自动收发电路。RS-485 接口自动收发电路如图 6.31 所示，其优点是控制简单，无须程序干预。

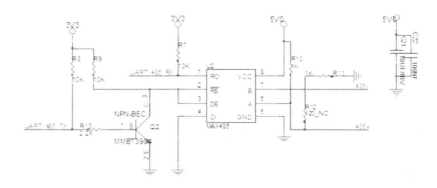

图 6.31　RS-485 接口自动收发电路

发送方（TX）和接收方（RX）均需要上拉电阻。在接收数据时，TX 为高电平，晶体管（Q2）导通，MAX485 的 $\overline{RE}$ 引脚为低电平，接收使能，RO 引脚有效，MAX485 处于接收数据状态。在发送数据时，TX 会先产生一个下拉电压（起始位由高向低），表示开始发送数据，此时晶体管截止，DE 引脚为高电平，发送使能。当发送数据 0 时，由于 DI 引脚相当于接地，此时数据 0 就会传输到 A 和 B 引脚。若 A 引脚的电压低于 B 引脚的电压，则发送数据 0。当发送数据 1 时，晶体管导通，RO 处于使能状态，由于还处于发送数据状态，MAX485 处于高阻态，此时的状态由 A 引脚的上拉电压和 B 引脚的下拉电压决定，若 A 引脚的电压高于 B 引脚的电压，则发送数据 1。

这里面有个疑惑，发送数据 1 时，MAX485 的 $\overline{RE}$ 引脚低电平使能，应该是接收使能，为什么 MAX485 会处于高阻态呢？这是因为 UART 接口发送的数据具有一定的格式，TX 和 RX 的数据均以"位"为最小单位进行传输，在发送数据之前，UART 接口之间要约定好数据传输的速率（波特率）、数据传输格式。平时数据线处于空闲状态（1 状态），当发送数据时，TX 由 1 变为 0 并维持 1 位的时间，这样在 RX 在检测到开始位后，就开始一位一位地传输数据。也就是说，已经确定好发送状态，虽然在发送数据 1 时 $\overline{RE}$ 引脚使能，但由于 MAX485

处于发送状态，因此也不会接收数据，即 MAX485 处于高阻态。

RS-485 接口模块的连接如图 6.32 所示，RS-485 接口模块的实物如图 6.33 所示。

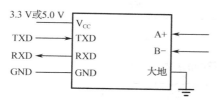

图 6.32　RS-485 接口模块的连接

图 6.33　RS-485 接口模块的实物

本书采用 XY017 模块（485 转 TTL 模块）来将 RS-485 电压转换为 TTL 电压。该模块实现了自动流向控制，可以自动完成接收数据和发送数据的转换，一侧与嵌入式开发板的 UART 接口连接，另一侧与 RS-485 接口连接。

6.5.2　485 型温湿度传感器简介

1．485 型温湿度传感器物理参数

本书使用的 485 型温湿度传感器如图 6.34 所示。该传感器采用工业级微处理器芯片，具有性能可靠、测量精度高的优点；采用 RS-485 接口和标准的 ModBus-RTU 通信协议，默认的波特率为 4800 bps，可设置通信地址和波特率，通信距离可达 2 km；具有防反接保护功能，不易损坏器件。

485 型温湿度传感器一共有 4 条接线，接线说明如表 6.15 所示。

图 6.34　485 型温湿度传感器

表 6.15　485 型温湿度传感器的接线说明

接　线	说　明
棕色	电源正极 5～28V
黑色	电源负极
绿色	RS-485 的传输线 A
蓝色	RS-485 的传输线 B

2．485 型温湿度传感器数据帧格式

由于 RS-485 接口采用差分传输方式，所以工作在半双工模式，先由主机发出询问，再由从机应答。完整的数据帧格式结构为：初始结构（≥4 字节）+地址码（1 字节）+功能码（1 字节）+数据区（N 字节）+错误校验（16 位 CRC 码）+结束结构（≥4 字节）。

485 型温湿度传感器的主机询问帧和从机应答帧的结构如表 6.16 和表 6.17 所示。

表 6.16　主机询问帧的结构

地 址 码	功 能 码	寄存器起始地址	寄存器长度	校 验 码
1 字节	1 字节	2 字节	2 字节	2 字节

表 6.17　从机应答帧的结构

地 址 码	功 能 码	有效字节数	第 1 个数据区	第 2 个数据区	第 N 个数据区	校 验 码
1 字节	1 字节	1 字节	2 字节	2 字节	2 字节	2 字节

其中的地址码是 485 型温湿度传感器的地址，在通信网络中是唯一的（出厂默认为 0x01）；功能码是主机所发命令功能指示，只有 0x03 和 0x06 两种，分别是读取寄存器中的数据和向寄存器写入数据；数据区是传输的数据；最后有 2 字节的校验码。

不同的寄存器地址对应不同的寄存器数据，例如，访问地址 0x0000 可以读取湿度值，访问地址 0x0001 可以读取温度值，访问地址 0x07D1 可以修改波特率。其他的寄存器地址可以参考 485 型温湿度传感器的手册。

若要同时读取温度值和湿度值，则发送的数据帧格式如表 6.18 所示。

表 6.18　同时获取温度值和湿度值时主机询问帧的结构

地 址 码	功 能 码	起始地址	数据长度	校验码低位	校验码高位
0x01	0x03	0x0000	0x0002	0xC4	0x0B

例如，读取到温度值为-20.5℃，湿度值为 25.8%RH，从机返回的数据帧结构如表 6.19 所示。

表 6.19　从机返回的数据帧结构

地 址 码	功 能 码	返回有效字节数	湿 度 值	温 度 值	校验码低位	校验码高位
0x01	0x03	0x04	0x0102	0xFF33	0x5B	0xEA

需要特别注意的是，485 型温湿度传感器的温度值支持负数，当温度值为负数时，数据以补码的形式存储。485 型温湿度传感器的精度达到了 0.1℃，为了传输数据方便，将温度值和湿度值均扩大了 10 倍，在处理数据时需要将读取到的数据除以 10。例如，读取到的温度值为 0xFF33，补码计算后为-205，除以 10 后得到的真实温度为-20.5℃；读取到的湿度值为 0x0102，十进制为 258，除以 10 后得到的真实湿度为 25.8%RH。

6.5.3　485 型温湿度传感器接口函数

本节介绍 485 型温湿度传感器的接口函数，并说明这些函数的定义和功能，这些接口函数均保存在 driver_uart485TemAndHum.c 文件中。

第 1 个接口函数是 driver_read_temperature，该函数的功能是读取温度值和湿度值，读取原始的数据后还需要调用转码函数。该函数的说明如表 6.20 所示。

表 6.20 driver_read_temperature 函数的说明

头文件	#include "driver_uart485.h"
函数原型	int driver_read_temperature(int *temperature, int *humidity)
函数说明	参数 temperature 为指针变量，指向存放温度值的地址；参数 humidity 为指针变量，指向存放湿度值的地址。该函数通过 UART2 接口向 485 型温湿度传感器发送读取温度值和湿度值的数据帧，然后读取数据
返回值	返回值为 0 表示读取成功，返回值为 1 表示读取失败

driver_read_temperature 函数的代码如下：

```
int driver_read_temperature(int *temperature, int *humidity)
{
    char uart2_tx_buf[txSize] = {0x01, 0x03, 0x00, 0x00, 0x00, 0x02, 0xc4, 0x0b};
    int i, len = 0;
    len = write(fdUart2, uart2_tx_buf, 8);
    if (len == 8)
    {
        printf("uart2 send data:");
        for (i = 0; i < len; i++)
        {
            printf(" 0x%02x", uart2_tx_buf[i]);
        }
        printf("\n");
    }
    else
        printf("send data failed!\n");
    sleep(2);
    memset(uart2_rx_buf, 0, sizeof(uart2_rx_buf));        //清除 UART2 接口的缓存
    len = read(fdUart2, uart2_rx_buf, rxSize - 1);
    if (len > 0)
    {
        printf("uart2 receive data:");
        for (i = 0; i < len; i++)
        {
            printf(" 0x%02x", uart2_rx_buf[i]);
        }
        printf("\n");
        rs485TempAndHumity_convert(&(uart2_rx_buf[3]), temperature, humidity);
        return 0;
    }
    else
    {
        printf("receive data failed!\n");
        return 1;
```

```
        }
    }
```

在函数 driver_read_temperature 中，嵌入式开发板首先发送主机询问帧，然后等待 485 型温湿度传感器回传数据。当接收到数据后，开始分析数据，从第 4 个字节开始，湿度值占 2 个字节，温度值占 2 个字节。通过转码函数 rs485TempAndHumity_convert 可得到真实的温度值和湿度值。

第 2 个接口函数是 rs485TempAndHumity_convert，该函数的功能是对读取到的温度值和湿度值进行补码转换，该函数的说明如表 6.21 所示。

表 6.21　rs485TempAndHumity_convert 函数的说明

头文件	#include "driver_uart485.h"
函数原型	void rs485TempAndHumity_convert(char *dataArray, int *temperature, int *humidity)
函数说明	参数 data 为字符型指针变量，指向存放数据的地址；参数 temperature 为指针变量，指向存放温度值的地址；参数 humidity 为指针变量，指向存放湿度值的地址。该函数对读取到的补码格式数据进行转换
返回值	无返回值

rs485TempAndHumity_convert 函数的代码如下：

```
void rs485TempAndHumity_convert(char *dataArray, int *temperature, int *humidity)
{
    *humidity = dataArray[0];
    *humidity = (*humidity) << 8;
    *humidity += dataArray[1];
    *temperature = dataArray[2];
    *temperature = (*temperature) << 8;
    *temperature += dataArray[3];
}
```

在 rs485TempAndHumity_convert 函数中，从应答帧的第 4 个字节开始进行数据转换，可得到真实的温度值和湿度值。由于温度值包含负数，因此需要采用补码的形式。

6.5.4　485 型温湿度传感器的编程

熟悉了 485 型温湿度传感器的接口函数后，本节通过编程来读取 485 型温湿度传感器采集的数据。程序实现的功能是：每隔 5 s 采集一次温度值和湿度值；将补码转换为真实数据，并显示在调试窗口中。

（1）代码实现如下：

```
#include "../includeAll.h"
int main(void)
{
    int temperature, humidity, temp;
    fdUart2 = open(pathUart2, O_RDWR | O_NOCTTY | O_NDELAY);
    bsp_uart2_Setup();
    while (1)
```

```
    {
        temp = driver_read_temperature(&temperature, &humidity);
        if (temp == 1)
        {
            printf("read temperature and humidity error!\n");
        }
        else
        {
            printf("read temperature and humidity is: %2.1f,%2.1f\n", (float)temperature / 10.0,
                            (float)humidity / 10.0);
        }
        sleep(5);
    }
    close(fdUart2);
    return 0;
}
```

注意：485 温湿度传感器使用的波特率为 4800 bps，因此需要在 bsp_uart.c 文件中确认对应串口 2 的波特率是否为 4800 bps。

（2）程序分析。程序先打开 UART 接口，然后对 485 型温湿度传感器进行初始化，接着采用定时循环的方式读取温度值和湿度值，最后将转换后的真实数据显示在调试窗口中。

（3）UART2 接口和 485 型温湿度传感器连线方法。将嵌入式开发板核心板 UART2 的 TX 引脚和 485 转 TTL 模块的 TX 引脚相接，将 UART2 的 RX 引脚和 485 转 TTL 模块的 RX 引脚相接；将 485 型温湿度传感器的 A 线与 B 线连接 485 转 TTL 模块的 A 线与 B 线；将 485 型温度传感器的电源正极和电源负极连接到嵌入式开发板的 5 V 和地。UART2 接口和 485 型温湿度传感器连线方法如图 6.35 所示，连线说明如表 6.22 所示。

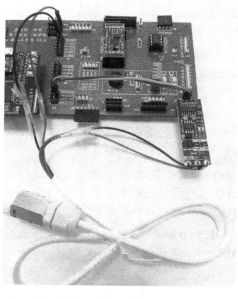

图 6.35　UART2 接口和 485 型温湿度传感器连线方法

155

表 6.22　UART2 接口和 485 型温湿度传感器连线方法说明

嵌入式开发板核心板的输出接口	外 设 接 口	说　　明
P3-UART2-TX	P10-TX	UART 接口发送数据
P3-UART2-RX	P10-RX	UART 接口接收数据
485 型温湿度传感器的 A 线（绿色）	485 转 TTL 模块的 A 线	RS-485 接口的差分线
485 型温湿度传感器的 B 线（蓝色）	485 转 TTL 模块的 B 线	RS-485 接口的差分线
485 型温湿度传感器的电源正极（棕色）	P14-5V	RS-485 电源正极
485 型温湿度传感器的电源负极（黑色）	P16-GND	RS-485 电源负极接地

（4）编译运行。通过编写好的 Makefile 文件，直接执行 make 命令来编译程序，命令如下：

```
root@LicheePi:/home/ch6.3uart2rs485# make
root@LicheePi:/home/ch6.3uart2rs485# ./uart2rs485
```

（5）运行结果如下：

```
uart2 send data: 0x01 0x03 0x00 0x00 0x00 0x02 0xc4 0x0b
uart2 receive data: 0x01 0x03 0x04 0x02 0x3c 0x00 0xd3 0x7a 0x1a
read temperature and humidity is: 21.1,57.2
```

我们可以做一个比较，不使用 RS-485 接口时，延长 USB 转串口模块的数据线长度，会发现延长到几米之后，USB 转串口发送数据的错误率逐渐增加。RS-485 接口能保证长距离传输的准确率。

练习题 6

6.1　简述串行通信和并行通信的区别。如果希望单位时间内传输的数据量越多越好，应该使用哪一种通信方式？为什么？

6.2　与并行通信相比，串行通信的优点是什么？

6.3　请尝试画出 UART 的数据帧格式，并简要说明每一位的功能。

6.4　RXD 和 TXD 的作用是什么？两个设备之间的 RXD 和 TXD 应该如何连接，请画出示意图。

6.5　UART 通信需要时钟线吗？如果需要时钟线，则时钟线由谁来定义？如果不需要时钟线，则应当如何处理时钟信号？

6.6　用 UART 协议以 9600 波特率发送 0x6c7d，请画出示波器观察到的波形。

6.7　逻辑分析仪处理的是模拟信号还是数字信号？有什么优点？

6.8　逻辑分析仪最重要的硬件参数是什么？

6.9　使用 XCOM 发送"Hello world!"，此时会提示输入正确的格式。为什么会有这个提示？正确发送"Hello world!"的方法是什么？

6.10　在使用 UART 接口连接蓝牙模块时，主要用到蓝牙模块的哪些引脚？如何连接？

6.11　蓝牙调试助手 App 与 JDY-33 蓝牙模块在连接的状态下发送"AT+RESET"，此时蓝牙模块是否会重启？为什么？

6.12　简述 RS-485 通信的特点。

6.13　485 型温湿度传感器的数据帧格式是什么？如何读取温度值和湿度值？

知识拓展：扎根江苏、服务全球的南京沁恒

南京沁恒微电子股份有限公司（简称南京沁恒）是一家集成电路设计公司，成立于 2004 年，位于江苏省南京市。自公司成立以来，始终以技术为导向，专注于物联网领域的连接和控制方面的芯片设计，以及应用技术的研究和创新，致力于为客户提供万物互联、上下互通的芯片及解决方案。

公司主要产品包括有线网络、无线网络、USB 和 PCI 类接口芯片，以及集成上述接口的单片机，在技术上涉及模拟检测、智能控制 MCU、人机交互、网络通信、接口通信、数据安全、物联协议，提供"感知+控制+连接+云聚"的解决方案。

产品定位：专业，易用。

应用领域：工业控制、物联网、信息安全、计算机/手机周边等。

南京沁恒的优势在于软件和硬件之间的无缝连接和协作、相互渗透和转化，并以此提供专业及高性价比的应用方案。经过多年的深耕，已向客户提供了百款产品及技术方案，全球已有 1.2 万家公司采用南京沁恒的芯片来设计自己电子产品，每年至少有超亿台设备通过南京沁恒的产品建立连接。南京沁恒是国内隔离卡、单向导入产品及方案的核心供应商，产品市场占有率超过 90%，USB 系列产品累计出货量超亿颗。

南京沁恒注重研发投入，每年投入研发的费用占销售收入的 10% 以上，通过创新获得专利、集成电路布图设计权、软件著作权等多项自主知识产权。在注重研发投入和自主创新的同时，南京沁恒也十分注重自身品牌的建设，已在美国、英国、德国、日本、韩国等国家，以及我国台湾、香港地区注册商标。南京沁恒被认定为国家高新技术企业、集成电路设计企业、江苏省民营科技企业。

第 7 章

嵌入式 Linux 接口编程：I2C

第 6 章介绍了串口通信的原理和一些实际应用，本章将要介绍另一种通信协议——I2C 总线，以及 I2C 总线在嵌入式开发板上的实现方法及具体的应用。

7.1 I2C 总线协议的基础

I2C（Inter Integrated Circuit）总线通信协议是由 Philips 公司开发的，是一种具有自动寻址和仲裁等功能的串行总线，常用于连接微处理器与外设，能够实现半双工传输。I2C 总线只需要 SDA（串行数据线）和 SCL（串行时钟线）两条传输线，在各种总线中使用的传输线数量最少。正因为这一特点，I2C 总线具有硬件实现简单、可扩展性强的特点。

I2C 总线的 SDA 和 SCL 均是双向传输线，两条传输线均需要连接上拉电阻到电源。在存在多个从机的情况下，每个从机供电可以不同。I2C 总线通信设备之间的常用连接方式如图 7.1 所示。

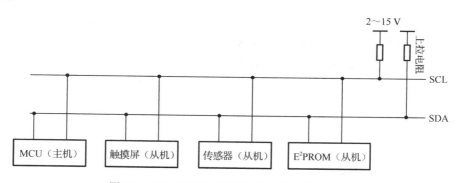

图 7.1　I2C 总线通信设备之间的常用连接方式

I2C 总线接口的内部结构如图 7.2 所示。每个接口均分为输入部分和输出部分，根据通信的需要在输入部分和输出部分之间切换。当某个 I2C 总线设备空闲时，该设备的 SDA 和 SCL 会呈现高阻态（接口处于开漏状态），由上拉电阻将总线拉成高电平，此时 I2C 总线为空闲状态。

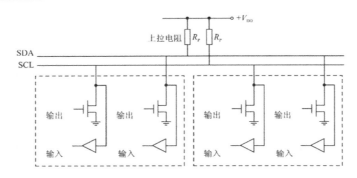

图 7.2 I2C 总线接口的内部电路

7.1.1 I2C 总线的物理层特点

由图 7.1 可以发现，I2C 总线可以在使用一组传输线的情况下，与多个从机进行通信。I2C 总线的物理层有以下几个特点：

（1）I2C 总线支持多主机和多从机两种模式。多主机模式下，多个主机会同时试图控制 I2C 总线，I2C 总线通过仲裁功能决定某一个主机有效，这时其他主机变为从机。大多数情况下采用多从机模式，本书的 I2C 总线采用一主多从的模式。

（2）I2C 总线只包括双向的 SDA 和 SCL，SDA 用来传输数据，SCL 用于同步数据。

（3）I2C 总线的设备寻址采用纯软件的方法，每个连接到 I2C 总线的设备都有一个独立的地址。主机利用这个地址进行访问不同的设备，简化了 I2C 总线的结构。I2C 总线设备的地址大多数是 7 位（最多 128 个设备），再加上 1 位的读写标志位，构成了 1 个字节的地址。

（4）I2C 总线具有三种传输模式，传输速率分别是：标准模式为 100 kbps、快速模式为 400 kbps、高速模式为 3.4 Mbps。I2C 总线适合对传输速率要求不高的场合。

7.1.2 I2C 总线的通信时序

本节主要介绍 I2C 总线的通信时序。I2C 总线在传输数据过程中使用了三种信号，分别是起始信号、停止信号和应答信号。起始信号和停止信号的波形如图 7.3 所示，应答信号和非应答信号的波形如图 7.4 所示。在 I2C 总线不工作时，SDA 和 SCL 都保持高电平状态。

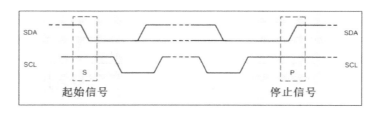

图 7.3 起始信号和停止信号的波形

当 SCL 为高电平并且 SDA 由高电平向低电平跳变时的信号为起始信号（S），表示通信开始。当 SCL 为高电平并且 SDA 由低电平向高电平跳变时为停止信号（P），表示通信结束。当接收方在接收到数据后，会向发送方发送特定的低电平脉冲，表示已收到数据，这个信号称为应答（ACK）信号，通过应答信号可以判断收发情况是否正常，是否出现错误故障。但当主机是接收方时，某些设备可能不需要主机回复 ACK 信号。起始信号是必需的，停止信号和应答信号则是可选的，需要根据设备的通信时序来选择。起始信号和停止信号一般由主机产生。

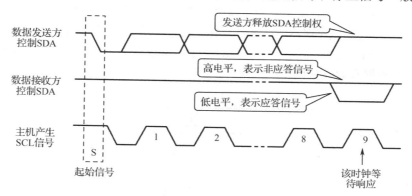

图 7.4　应答信号和非应答信号的波形

由于 SDA 是一种双向传输线，所以主机和从机的关系，以及发送和接收的关系并不是恒定不变的，取决于数据传输的方向。具体如下：

（1）主机向从机发送数据：主机首先发送寻址字节，然后主动发送数据，等待从机的应答信号。

（2）从机向主机发送数据：主机首先发送寻址字节，然后接收从机的数据，主机发送应答信号。

在整个通信过程中，主机始终负责产生 SCL 信号。I2C 总线发送数据时的完整时序如图 7.5 所示，其中，S 表示起始信号，P 表示停止信号。

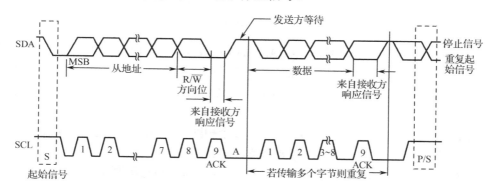

图 7.5　I2C 总线发送数据时的完整时序

主机是通过发送寻址字节来寻找从机的。在 I2C 总线上，每个从机的地址都是唯一的，当主机广播的地址与某个从机的地址相同时，这个从机就被选中了，其余从机将会忽略之后的数据。寻址字节的最后一位是 R/$\overline{\text{W}}$ 信号，表明接下来的数据传输方向。被主机选中的从机需要返回一个应答（ACK）信号或非应答（NACK）信号。只有接收到应答信号后，主机才能继续发送数据或接收数据。

以上 I2C 总线的通信过程可以总结为：起始信号+7 位地址+读写位+ACK+数据+ACK+数

据+ACK+…+停止信号。在 I2C 总线的通信过程中，还需要注意以下几个细节：

（1）SDA 的控制权。SDA 是一条双向传输线，当主机需要接收数据时，要释放对 SDA 的控制，即输入模式；当主机需要发送数据时，要重新控制 SDA，即输出模式。

（2）数据有效性。I2C 总线使用 SCL 来进行数据同步。SDA 在 SCL 的每个时钟周期传输 1 位数据，当 SCL 为高电平时 SDA 数据为有效状态，即 SDA 的高电平时表示逻辑 1，低电平表示逻辑 0。当 SCL 切换为低电平时，SDA 允许进行电平切换，为下一次数据传输做好准备。I2C 总线的数据有效性如图 7.6 所示。

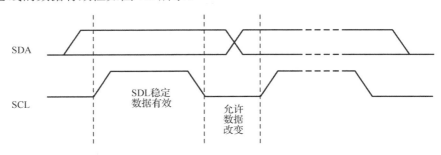

图 7.6　I2C 总线的数据有效性

（3）寻址字节。寻址字节用于决定通信的目标和方向。图 7.7 所示为 I2C 总线的寻址字节，字节由固定部分和可编程部分构成。图中器件有 4 个固定的地址位（DA3～DA0）、3 个可编程的地址位（A2～A0）和 1 个读写位（R/W）。

图 7.7　I2C 总线的寻址字节

器件地址：由 4 个固定的地址位（DA3～DA0）表示，这 4 位是 I2C 总线器件固有的地址编码，是无法修改的。器件地址由 I2C 总线的标准化委员会事先约定。例如，在 I2C 总线中，AT24C××（E2PROM）的器件地址为 1010，4 位 LED 驱动器 SAA1064 的器件地址为 0111。

引脚地址：由 3 个可编程的地址位表示，这 3 位是由器件引脚 A2、A1 和 A0 的连接情况决定的，高电平为 1，低电平为 0。当需要使用多个相同的器件时，需要配置引脚地址。图 7.7 中的 3 个可编程的地址位，最多可支持 8 个器件同时连接。

数据方向：由 1 个读写位（R/W）表示，用于规定接下来数据是主机向从机写入的数据，还是主机从从机读取的数据。

表 7.1 列举了本章所用器件的寻址字节。

表 7.1　本章所用器件的寻址字节

种　　类	型　　号	器件地址及引脚地址	备　　注
ADC/DAC	PCF8591	1001　A2　A1　A0　R/W	A2 A1 A0 为 3 位引脚地址
256 B 的 E2PROM	AT24C02	1010　A2　A1　A0　R/W	A2 A1 A0 为 3 位引脚地址
OLED 显示屏的驱动芯片	SSD1306	011110　SA0　R/W	SA0 为 1 位引脚地址

7.2　I2C 总线的接口函数

本节主要介绍 I2C 总线的接口函数，这些接口函数是使用 GPIO 接口模拟产生的，保存在 bsp_i2c.c 文件中。

第 1 个接口函数是 I2C_Start，其功能是由主机产生起始信号，该函数的说明如表 7.2 所示。

表 7.2　I2C_Start 函数的说明

头文件	#include "bsp_i2c.h"
函数原型	void I2C_Start(void);
函数说明	执行该函数后，SCL 和 SDA 持续一段时间的高电平后，仅 SDA 变为低电平，从而产生起始信号。该函数无参数
返回值	无返回值

I2C_Start 函数的代码如下：

```
void I2C_Start(void)
{
    GPIO_ConfigPinMode(PortSDA, PinSDA, OUT);
    GPIO_ConfigPinMode(PortSCL, PinSCL, OUT);
    usleep(i2cdelaytime);
    GPIO_SetPin(PortSDA, PinSDA, 1);        //SDA 为高电平
    GPIO_SetPin(PortSCL, PinSCL, 1);        //SCL 为高电平
    usleep(i2cdelaytime);
    GPIO_SetPin(PortSDA, PinSDA, 0);        //SDA 为低电平
    usleep(i2cdelaytime);
}
```

第 2 个接口函数是 I2C_Stop，其功能是由主机产生停止信号，该函数的说明如表 7.3 所示。

表 7.3　I2C_Stop 函数的说明

头文件	#include "bsp_i2c.h"
函数原型	void I2C_Stop(void);
函数说明	执行该函数后，SCL 为高电平，SDA 持续一段时间的低电平后变为高电平，从而产生停止信号。该函数无参数
返回值	无返回值

I2C_Stop 函数的代码如下：

```
void I2C_Stop(void)
{
    GPIO_ConfigPinMode(PortSDA, PinSDA, OUT);
    GPIO_SetPin(PortSDA, PinSDA, 0);        //SDA 为低电平
    GPIO_SetPin(PortSCL, PinSCL, 1);        //SCL 为高电平
```

```
    usleep(i2cdelaytime);
    GPIO_SetPin(PortSDA, PinSDA, 1);              //SDA 为高电平
    usleep(i2cdelaytime);
}
```

第 3 个接口函数是 I2C_Wait_Ack，其功能是主机等待从机产生的应答信号，该函数的说明如表 7.4 所示。

表 7.4　I2C_Wait_Ack 函数的说明

头文件	#include "bsp_i2c.h"
函数原型	unsigned char I2C_Wait_Ack(void);
函数说明	主机等待从机的应答信号，若从机应答，则主机继续发送数据；若从机未应答或超出应答时间，则主机产生停止信号。该函数无参数
返回值	从机应答返回 0；未应答或超出应答时间返回 1

I2C_Wait_Ack 函数的代码如下：

```
unsigned char I2C_Wait_Ack(void)
{
    uint16_t u16ErrTime = 0;
    GPIO_ConfigPinMode(PortSDA, PinSDA, IN);       //SDA 设置为输入
    GPIO_SetPin(PortSCL, PinSCL, 1);
    usleep(i2cdelaytime);
    while (GPIO_GetPin(PortSDA, PinSDA) == 1)       //等待 SDA 变为低电平
    {
        u16ErrTime++;
        if (u16ErrTime > 250)
        {
            I2C_Stop();
            return 1;
        }
    }
    GPIO_SetPin(PortSCL, PinSCL, 0);
    return 0;
}
```

在 I2C_Wait_Ack 函数中，首先释放 SDA 线，设置为输入模式，将控制权交给从机；然后等待从机的应答信号。如果超时或未返回应答信号则返回 1；若返回应答信号，则该函数返回 0。

第 4 个接口函数是 I2C_Write_Byte，其功能是主机发送 1 B 的数据到从机，该函数的说明如表 7.5 所示。

表 7.5　I2C_Write_Byte 函数的说明

头文件	#include "bsp_i2c.h"
函数原型	void I2C_Write_Byte(unsigned char txd);

函数说明	该函数用于主机向从机发送 1 B 的数据。参数 txd 表示要发送的数据
返回值	无返回值

I2C_Write_Byte 函数的代码如下：

```
void I2C_Write_Byte(unsigned char txd)
{
    unsigned char t;
    GPIO_ConfigPinMode(PortSDA, PinSDA, OUT);
    GPIO_SetPin(PortSCL, PinSCL, 0);
    for (t = 0; t < 8; t++)
    {
        if ((txd & 0x80) >> 7)
        {
            GPIO_SetPin(PortSDA, PinSDA, 1);
        }
        else
        {
            GPIO_SetPin(PortSDA, PinSDA, 0);
        }
        txd <<= 1;
        usleep(i2cdelaytime);
        GPIO_SetPin(PortSCL, PinSCL, 1);
        usleep(i2cdelaytime);
        GPIO_SetPin(PortSCL, PinSCL, 0);
        usleep(i2cdelaytime);
    }
}
```

在 I2C_Write_Byte 函数中，主机先获取 SDA 的控制权，并将 SCL 置为低电平；然后根据当前正在发送的数据值设置高电平或者低电平；最后将 SCL 置为高电平，保证数据的有效性。以上步骤重复 8 次，即可完成 1 B 数据的发送。

第 5 个接口函数是 I2C_Read_Byte，其功能是主机读取从机的数据，该函数的说明如表 7.6 所示。

表 7.6　I2C_Read_Byte 函数的说明

头文件	#include "bsp_i2c.h"
函数原型	unsigned char I2C_Read_Byte(unsigned char ack);
函数说明	该函数用于主机读取从机的数据。参数 ack 表示主机产生的应答信号，ack=0 表示主机不产生应答信号，ack=1 表示主机产生应答信号
返回值	返回值为主机读取到的数据

I2C_Read_Byte 函数的代码如下：

```
unsigned char I2C_Read_Byte(unsigned char ack)
{
    unsigned char i, receive = 0;
    for (i = 0; i < 8; i++)
    {
        GPIO_SetPin(PortSCL, PinSCL, 0);
        usleep(i2cdelaytime);
        GPIO_SetPin(PortSCL, PinSCL, 1);
        receive <<= 1;
        if (GPIO_GetPin(PortSDA, PinSDA))
        {
            receive++;
        }
        usleep(i2cdelaytime);
    }
    if (!ack) //不产生应答信号
    {
        GPIO_SetPin(PortSCL, PinSCL, 0);
        GPIO_ConfigPinMode(PortSDA, PinSDA, OUT);
        GPIO_SetPin(PortSDA, PinSDA, 1);
        usleep(i2cdelaytime);
        GPIO_SetPin(PortSCL, PinSCL, 1);
        usleep(i2cdelaytime);
        GPIO_SetPin(PortSCL, PinSCL, 0);
    }
    else //产生应答信号
    {
        GPIO_SetPin(PortSCL, PinSCL, 0);
        GPIO_ConfigPinMode(PortSDA, PinSDA, OUT);
        GPIO_SetPin(PortSDA, PinSDA, 0);
        usleep(i2cdelaytime);
        GPIO_SetPin(PortSCL, PinSCL, 1);
        usleep(i2cdelaytime);
        GPIO_SetPin(PortSCL, PinSCL, 0);
    }
    return receive;
}
```

接收数据的程序可分成两部分，第一部分首先将 SCL 置为低电平后再置为高电平，保证 SDA 数据的有效性；然后将 receive 乘以 2，即左移一位；最后读取 SDA 的数据，若 SDA 为低电平则保持 receive 不变，若 SDA 为高电平则 receive 加 1。重复以上步骤 8 次，即可完成 1 B 数据的读取。第二部分是应答，主机可以分为有应答和无应答两种模式。

接口函数中的延时函数 usleep 用来保证电平切换时的边沿时间，保证器件能够正常地工作。

7.3 通过逻辑分析仪测试 I2C 总线协议

本节通过嵌入式开发板的 I2C 总线发送数据，并用逻辑分析仪来捕捉并分析波形，程序的代码保存在 ch7.1i2c_sendTest.c 文件中。

（1）代码实现如下：

```
#include "../includeAll.h"
int main(void)
{
    CPIO_Init();                    //初始化
    I2C_Start();                    //起始信号
    I2C_Write_Byte(0x01);           //写入数据
    I2C_Stop();                     //停止信号
    GPIO_Free();
    printf("OK\n");
    return 0;
}
```

（2）程序分析。首先对 I2C 总线接口进行初始化，然后发送起始信号，接着发送数据 0x01，最后结束 I2C 总线。

（3）嵌入式开发板和逻辑分析仪的连线方法。将嵌入式开发板核心板的 IO-B07 引脚和 IO-B06 引脚当成 SDA 引脚和 SCL 引脚，这部分的定义保存在 bsp_i2c.h 文件中。逻辑分析仪的通道 0 和通道 1 也分别连接在 SCL 引脚和 SDA 引脚。嵌入式开发板和逻辑分析仪的连线方法如图 7.8 所示，连线说明如表 7.7 所示。

图 7.8　嵌入式开发板和逻辑分析仪的连线方法

表 7.7　嵌入式开发板和逻辑分析仪连线方法的说明

嵌入式开发板核心板的输出接口	外 设 接 口	逻辑分析仪接口	功　　能
IO-B06	P4-SCL	通道 0	传输时钟信号
IO-B07	P4-SDA	通道 1	传输数据信号

（4）逻辑分析仪的设置。首先设置采样速率和持续时间，采样速率设置为 24 MSps，持续时间设置为 2 s，如图 7.9 所示。

图 7.9　采样速率和持续时间的设置

然后将通道 0 和通道 1 分别对应 SCL 和 SDA，SDA 使用下降沿触发。通道及触发条件的设置如图 7.10 所示。

最后将通信协议设置为 I2C 总线，将数据进制选择为 Hex（十六进制）。

设置逻辑分析仪后的界面如图 7.11 所示。

图 7.10　通道及触发条件的设置　　　　图 7.11　设置逻辑分析仪后的界面

（5）编译运行。使用 make 命令进行编译，运行程序前先打开逻辑分析仪，单击"Start"按钮后运行程序。

```
root@LicheePi:/home/ch7.1i2c_sendTest# make
root@LicheePi:/home/ch7.1i2c_sendTest# ./i2c_sendTest
```

（6）运行结果。逻辑分析仪捕获的波形如图 7.12 所示，SDA 线上绿点（左侧的圆点）代表起始信号，红点（右侧的圆点）代表停止信号。由于只测试嵌入式开发板 I2C 总线发送的数据，所以没有产生应答信号。

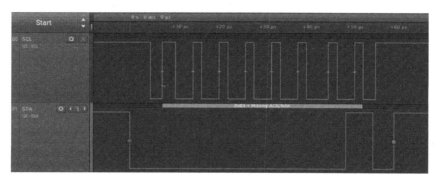

图 7.12　逻辑分析仪捕获的波形

7.4　ADC 和 DAC 的原理与编程

在之前的学习中，我们对于电平的概念是逻辑 0 和逻辑 1，以及低电平和高电平。在本书所用的嵌入式开发板中，逻辑 0 对应的是 0 V，逻辑 1 对应的是 3.3 V。

如果电压是 1.7 V，那么应该怎么处理呢？是高电平还是低电平？为了能够更加准确地描述电压，需要对其进行数字化。A/D 转换器（Analog to Digital Converter，ADC）能够更方便、更直接地描述电压大小。ADC 如同一把尺子，可以很容易测量出电压的大小。

下面以电压范围为 0～1 V 的 3 位 ADC 为例来简单介绍 ADC 的工作方式，此时输出的 ADC 编码与模拟电压之间的关系如图 7.13 所示。ADC 的编码范围为 000～111，000 对应 0 V，111 对应 1 V，其余的编码均匀地分布在 0～1 V 之间。可以想象，如果 ADC 的位数越多，那么图 7.13 中的阶梯也就越密集；如果位数接近于无穷大，那么阶梯就会变成一条直线，这是理想情况下的 ADC，在实际中需要选择合适的位数。

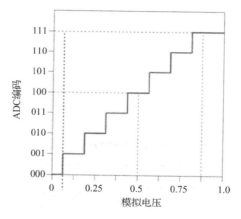

图 7.13　ADC 编码与模拟电压的关系

衡量 ADC 的主要性能指标如下：

（1）分辨率：分辨率是指 ADC 对输入电压微小变化的分辨能力，分辨率越高，对于输入电压的微小变化就越敏感。习惯上用输出的二进制位数来表示分辨率，位数越多分辨率就越高。例如，电压范围为 0～5 V，对于 8 位的 ADC，其数字输出变化范围为 0～255，那么输出的变化所对应电压变化为(5 V-0 V)/255=19.6 mV，这就是该 ADC 所能分辨电压的最小变化值。如果是 10 位的 ADC，在同等条件下，可分辨的最小电压变化为 4.9 mV。常用的 ADC 分辨率有 8 位、10 位、12 位、14 位等。本节所采用的 ADC（PCF8591 芯片）的分辨率为 8 位。

（2）转换时间：转换时间是指 ADC 完成一次转换所需的时间，转换时间的倒数为转换速率，即每秒转换的次数，常用单位是 Sps（Sample Per Second），即每秒采样次数。同等条件下，采样速率越快，ADC 的价格越高。

与 ADC 对应的是 D/A 转换器（Digital to Analog Converter，DAC），DAC 是一种能把数字量转换为模拟量的电子器件，D/A 转换是 A/D 转换的逆过程。

本节主要介绍采用 I2C 总线接口的 ADC/DAC（PCF8591 芯片）的原理，并掌握 PCF8591 芯片的编程。

7.4.1 PCF8591 芯片的基础知识

1．PCF8591 芯片的引脚

PCF8591 芯片是单电源、低功耗 8 位 CMOS 数据采集器件，具有 4 个模拟输入通道、1 个输出通道，使用的是 I2C 总线接口。PCF8591 芯片的 3 个地址引脚 A0、A1 和 A2 可以由用户自定义，支持最多同时连接 8 个器件。PCF8591 芯片的功能包括多路复用模拟输入、片上跟踪和保持、8 位 A/D 转换和 8 位 D/A 转换。A/D 转换和 D/A 转换的最大速率约为 11 kHz。PCF8591 芯片具有 16 个引脚，有两种封装形式，如图 7.14 所示，引脚功能如表 7.8 所示。

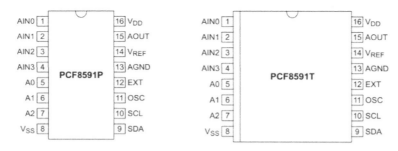

图 7.14　PCF8591 芯片的封装和引脚

表 7.8　PCF8591 芯片的引脚功能

接　　口	功　　能
AIN0～AIN3	模拟信号输入端
A0～A2	引脚地址端
V_{DD}、V_{SS}	电源和地
SDA、SCL	I2C 总线的数据线和时钟线
OSC	外部时钟输入端和内部时钟输出端
EXT	内部时钟和外部时钟选择端，使用内部时钟时接地
AGND	模拟信号地
AOUT	D/A 转换输出端
V_{REF}	参考电压

2．PCF8591 芯片的寻址字节和控制字

使用 I2C 总线时需要知道从机的寻址字节，图 7.15 所示为 PCF8591 芯片的器件地址。

图 7.15　PCF8591 芯片的器件地址

PCF8591 芯片的器件地址由 1001 和 A2～A0 组成，A2～A0 由硬件电路决定，在嵌入式开发板中均接地。PCF8591 芯片的连接电路如图 7.16 所示。器件地址中的最后 1 位是读写位。

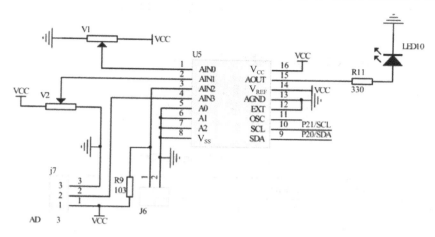

图 7.16　PCF8591 芯片的连接电路

PCF8591 芯片的使用是通过设置它的控制字（或控制寄存器）来实现的，在控制字中配置 ADC 模式或者 DAC 模式，以及对应的通道。PCF8591 芯片的控制字格式如图 7.17 所示。

D7	D6	D5	D4	D3	D2	D1	D0

图 7.17　PCF8591 芯片的控制字格式

D7 是特征位，默认为 0。

D6 用于选择是 ADC 模式还是 DAC 模式，设置为 0 时表示 ADC 模式，设置为 1 时表示 DAC 模式。

D5 和 D4 用于选择模拟量的输入方式，00 表示 4 路单端输入，01 表示 3 路差分输入，10 表示 2 路单端输入，11 表示 2 路差分输入。

D3 是特征位，默认为 0。

D2 是自动增量使能位，设置为 1 时，一个通道转换结束后自动切换到下一个通道进行转换；设置为 0 时，不自动切换通道。

D1 和 D0 用于选择通道，00 表示选择通道 0，01 表示选择通道 1，10 表示选择通道 2，11 表示选择通道 3。

3．PCF8591 芯片 A/D 转换和 D/A 转换的操作步骤

PCF8591 芯片 A/D 转换的操作步骤如下：

（1）发送寻址字节，且读写位为写，选择该器件，一般发送 0x90。

（2）发送控制字，选择相应通道，取值范围是 0x00～0x03。

（3）重新发送寻址字节，且读写位为读，一般发送 0x91。

（4）接收器件目标通道的 A/D 转换数据，取值范围是 0x00～0xFF。

PCF8591 芯片 D/A 转换的操作步骤如下：

（1）发送寻址字节，且读写位为写，选择该器件，一般发送 0x90。

（2）发送控制字，一般发送 0x40，开启 D/A 转换。

（3）发送数据，该数据存储在 DAC 的数据寄存器，并转换成相应的模拟电压，由 AOUT 引脚输出。

7.4.2　PCF8591 芯片的接口函数

本节主要介绍 PCF8591 芯片的接口函数，这些接口函数保存在 driver_i2c_pcf8591.c 文件中。第 1 个接口函数是 PCF8591_ADC_Input，其功能是进行 A/D 转换，该函数的说明如表 7.9 所示。

表 7.9　PCF8591_ADC_Input 函数的说明

头文件	#include "driver_i2c_pcf8591.h"
函数原型	unsigned char PCF8591_ADC_Input(unsigned char cChannel,unsigned char *cADCValue);
函数说明	参数 cChannel 用于选择通道，可输入 0x00、0x01、0x02 或 0x03，一般选择通道 0，即输入 0x00；参数 cADCValue 为指针变量，指向 A/D 转换的输出数据地址
返回值	从机应答返回值为 0；从机不应答返回值为 1

PCF8591_ADC_Input 函数的代码如下：

```
unsigned char PCF8591_ADC_Input(unsigned char cChannel, unsigned char *cADCValue)
{
    unsigned char temp;
    I2C_Start();
    I2C_Write_Byte(0x90);                    //器件地址（写）为 1001 0000
    temp = I2C_Wait_Ack();
    if (temp == 1)
    {
        return 1;
    }
    I2C_Write_Byte(cChannel);               //设置控制字，选择 ADC 通道
    I2C_Wait_Ack();
    I2C_Stop();
    usleep(50);
    I2C_Start();
    I2C_Write_Byte(0x91);                    //器件地址（读）为 1001 0001
    I2C_Wait_Ack();
    *cADCValue = I2C_Read_Byte(1);
    I2C_Read_Byte(0);
    I2C_Stop();
    return 0;
}
```

第 2 个接口函数是 PCF8591_DAC_Output，其功能是进行 D/A 转换，该函数的说明如表 7.10 所示。

表 7.10　PCF8591_DAC_Output 函数的说明

头文件	#include "driver_i2c_pcf8591.h"
函数原型	void PCF8591_DAC_Output(unsigned char DACValue);
函数说明	参数 DACValue 是要进行 D/A 转换的数字量，对应的十进制数范围是 0～255，转换后的数据由 AOUT 引脚输出
返回值	无返回值

PCF8591_DAC_Output 函数的代码如下：

```
void PCF8591_DAC_Output(unsigned char DACValue)
{
    I2C_Start();
    I2C_Send_Byte(0x90);    //器件地址（写）为 1001 0000
    I2C_Wait_Ack();
    I2C_Send_Byte(0x40);    //设置控制字为 0100 0000，表示允许模拟输出，单端输入，不自动切换
    I2C_Wait_Ack();
    I2C_Send_Byte(DACValue);        //写入要转换的数字量
    I2C_Wait_Ack();
    I2C_Stop();
}
```

7.4.3　PCF8591 芯片的编程

本节介绍 PCF8591 芯片的编程，第 1 个程序通过 I2C 总线来读取 A/D 转换的结果，第 2 个程序利用 PCF8591 芯片的 D/A 转换功能来产生锯齿波信号。

1. 通过 I2C 总线读取 A/D 转换的结果

通过嵌入式开发板的 I2C 总线可以读取 PCF8591 芯片的 A/D 转换结果，相应的程序保存在 ch7.2i2c_pcf8591_adc.c 文件中。

（1）代码实现如下：

```
#include "../includeAll.h"
#define Vref 3300
int main(void)
{
    unsigned char nResult, tempValue;
    GPIO_Init();
    while (1)
    {
        nResult = PCF8591_ADC_Input(0x00, &tempValue);
        if (nResult == 0)
        {
            printf("read adc ok: value=%x, voltage= %d mV\n", tempValue, tempValue * Vref / 255);
        }
```

```
        else
        {
            printf("read adc error!\n");
        }
        sleep(1);
    }
}
```

（2）程序分析。程序首先对 PCF8591 芯片的 I2C 总线进行初始化，然后对通道 0 的电压进行 A/D 转换，最后将结果显示在调试接口。

（3）嵌入式开发板和 PCF8591 芯片的连线方法。将嵌入式开发板核心板上的 IO-B07 和 IO-B06 引脚连接到 PCF8591 芯片的 SDA 和 SCL 引脚，将 PCF8591 芯片的通道 0 用杜邦线连接到嵌入式开发板的 5 V 和 0 V。嵌入式开发板和 PCF8591 芯片的连线方法说明如表 7.11 所示。

表 7.11　嵌入式开发板和 PCF8591 芯片的连线方法说明

嵌入式开发板核心板的输出接口	外 设 接 口	功　　能
IO-B06	P4-SCL	传输时钟信号
IO-B07	P4-SDA	传输数据信号

（4）编译运行。通过编写好的 Makefile 文件，直接执行 make 命令来编译程序，命令如下：

```
root@LicheePi:/home/ch7.2i2c_pcf8591_adc# make
root@LicheePi:/home/ch7.2i2c_pcf8591_adc# ./i2c_pcf8591_adc
```

（5）运行结果如下：

```
read adc ok: value=ff, voltage= 3300 mV
read adc ok: value=0, voltage= 0 mV
```

将通道 0 先后连接到 3.3 V 和 0 V，通过本程序可以得到 A/D 转换的结果。

2．利用 PCF8591 芯片的 D/A 转换功能产生锯齿波信号的编程

下面的程序利用 PCF8591 芯片的 D/A 转换功能来产生锯齿波信号。
（1）代码实现如下：

```
#include "../includeAll.h"
#define Vref 3300
void main(void)
{
    unsigned char Vout = 0x00;
    GPIO_Init();
    while (1)
    {
        PCF8591_DAC_Output(Vout);
        printf("DAC value : %d mV\n", Vout * Vref / 255);
```

```
        Vout = Vout+5;
        if (Vout > 200)
            Vout = 0;
        usleep(1000 * 50);
    }
}
```

（2）程序分析。D/A 转换器可以将数字量转换成对应的模拟量，本程序的数字量范围是 0x00～0xFF，0 对应 0 V，0xFF 对应 3.3 V，在程序中每隔一段固定时间就将数值加 1，然后进行 D/A 转换，当数值增加到 0xC8（即十进制数 200）时重新设置为 0x00。

（3）嵌入式开发板和 PCF8591 芯片的连线方法。将嵌入式开发板核心板上的 IO-B07 和 IO-B06 引脚连接到 PCF8591 芯片的 SDA 和 SCL 引脚，将 PCF8591 芯片的输出连接到示波器。本程序涉及的连线方法说明和第 1 个程序相同，详见表 7.11。

（4）编译运行。通过编写好的 Makefile 文件，直接执行 make 命令来编译程序，命令如下：

```
root@LicheePi:/home/ch7.3i2c_pcf8591_dac# make
root@LicheePi:/home/ch7.3i2c_pcf8591_dac# ./i2c_pcf8591_dac
```

（5）运行结果如下：

```
DAC value ：19mV
DAC value ：39mV
DAC value ：58mV
DAC value ：78mV
```

示波器捕获的锯齿波信号波形如图 7.18 所示，图中电压峰值约为 2.6 V，周期约为 2 s。

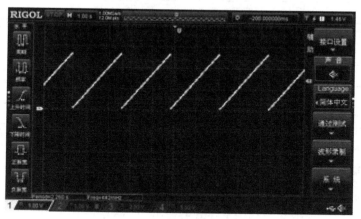

图 7.18　示波器捕获的锯齿波信号波形

7.5　E2PROM 的原理与编程

如果数据保存在 RAM 中，一旦断电就会丢失；而存储在 Flash 中的数据又不能随意修改。

在某些应用中，不仅需要记录数据，而且还需要经常对数据进行修改，另外在掉电时还不能丢失数据。在这种情况下，可以使用 E2PROM 来保存数据。

7.5.1 AT24C02 芯片的基础知识

1. AT24C02 芯片简介

电擦除可编程只读存储器（Electrically-Erasable Programmable Read-Only Memory，E2PROM）是一种带电可擦可编程的只读存储器，掉电后存储的数据不会丢失。在向 E2PROM 中写入数据时，需要按照一定的时序进行操作。一般情况下，E2PROM 具有 30 万～100 万次的写入寿命，而读取次数是无限的。

本书的嵌入式开发板使用的 E2PROM 是 AT24C02 芯片，该芯片具有 256 B 的存储空间，使用 I2C 总线进行读写。AT24C02 芯片的引脚如图 7.19 所示。

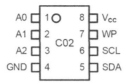

图 7.19　AT24C02 芯片的引脚

AT24C02 芯片的引脚功能如表 7.12 所示。

表 7.12　AT24C02 芯片的引脚功能

引 脚 名 称	功　　　能
V_{CC}	电源电压，支持 2.5～5.5 V
GND	接地
SCL	时钟线
SDA	双向的数据线
WP	低电平使能写操作
A0、A1、A2	芯片地址

2. AT24C02 芯片的器件地址和读写时序

在对 AT24C02 芯片进行编程之前，需要先了解 AT24C02 芯片的器件地址及读写时序。

（1）器件地址。在本书所用的嵌入式开发板中，AT24C02 芯片的 A2、A1、A0 引脚均接地，所以 AT24C02 芯片的器件地址为 1010+000+0/1。AT24C02 芯片的引脚连接电路如图 7.20 所示，AT24C02 芯片的器件地址格式如图 7.21 所示。

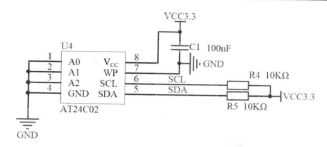

图 7.20　AT24C02 芯片的引脚连接电路

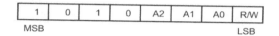

图 7.21　AT24C02 芯片的器件地址格式

（2）AT24C02 芯片的写时序。AT24C02 芯片的写时序如图 7.22 所示。

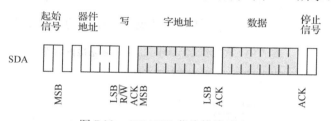

图 7.22　AT24C02 芯片的写时序

向 AT24C02 芯片写入数据时的操作流程如下：

① 主机产生起始信号。

② 主机发送带有写标志位的寻址字节，主机等待从机（AT24C02 芯片）的应答（ACK）信号。

③ 主机发送 AT24C02 芯片存储数据的地址，等待从机的应答信号。

④ 主机发送 8 位数据，等待从机的应答信号。

⑤ 主机产生停止信号。

（3）AT24C02 芯片的读时序。与写时序不同的是，读时序中有 2 个起始信号，第 1 个起始信号是为了写入地址，第 2 个起始信号是为了读取该地址内的数据。AT24C02 芯片的读时序如图 7.23 所示。

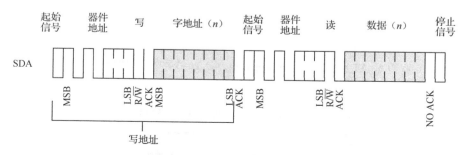

图 7.23　AT24C02 芯片的读时序

从 AT24C02 芯片读取数据时的操作流程如下：

① 主机产生第 1 个起始信号。

② 主机发送带有写标志位的寻址字节，等待从机的应答信号。

③ 主机发送读取数据的地址，等待从机的应答信号。

④ 主机产生第 2 个起始信号。

⑤ 主机发送带有读标志位的寻址字节，主机等待从机的应答信号。

⑥ 主机从 SDA 读取数据，主机不产生应答信号。

⑦ 主机产生停止信号。

在上述 AT24C02 芯片的读写过程中，每次只能读写 1 B 的数据。为了提高读写多字节数据的效率，AT24C02 芯片也提供了按页读写的功能。但要注意，按页读写时是不能跨页进行操作的，具体方法可以参考 AT24C02 芯片的数据手册。

7.5.2　AT24C02 芯片的接口函数

AT24C02 芯片的接口函数保存在 driver_i2c_at24c02.c 文件中。第 1 个接口函数是 AT24C02_WriteOneByte，其功能是写入 1 B 的数据，该函数的说明如表 7.13 所示。

表 7.13　AT24C02_WriteOneByte 函数的说明

头文件	#include "bsp_i2c.h"
函数原型	unsigned char AT24C02_WriteOneByte(unsigned short int WriteAddr, unsigned char DataToWrite);
函数说明	参数 WriteAddr 表示数据写入的地址；参数 DataToWrite 表示写入的数据
返回值	返回值为 0

AT24C02_WriteOneByte 函数的代码如下：

```
unsigned char AT24C02_WriteOneByte(unsigned short int WriteAddr, usigned char DataToWrite)
{
    I2C_Start();
    I2C_Write_Byte(0XA0);          //发送器件地址（1010000），写标志位（0）
    I2C_Wait_Ack();
    I2C_Write_Byte(WriteAddr);      //发送写入地址
    I2C_Wait_Ack();
    I2C_Write_Byte(DataToWrite);    //发送字节
    I2C_Wait_Ack();
    I2C_Stop();                    //产生一个停止信号
    return 0;
}
```

第 2 个接口函数是 AT24C02_ReadOneByte，其功能是读取某地址的数据，该函数的说明如表 7.14 所示。

表 7.14　AT24C02_ReadOneByte 函数的说明

头文件	#include "bsp_i2c.h"
函数原型	unsigned char AT24C02_ReadOneByte(unsigned short int ReadAddr);

函数说明	参数 ReadAddr 要读取数据的地址
返回值	返回值为读取到的数据

AT24C02_ReadOneByte 函数的代码如下：

```
unsigned char AT24C02_ReadOneByte(unsigned short int ReadAddr)
{
    unsigned char u8Temp = 0;
    I2C_Start();                        //产生起始信号
    I2C_Write_Byte(0XA0);               //发送器件地址（1010000），写标志位（0）
    I2C_Wait_Ack();
    I2C_Write_Byte(ReadAddr);              //发送需要读取地址
    I2C_Wait_Ack();
    I2C_Start();
    I2C_Write_Byte(0XA1);               //发送器件地址（1010000），读标志位（1）
    I2C_Wait_Ack();
    u8Temp = I2C_Read_Byte(0);          //0 表示不产生应答信号；1 表示产生应答信号
    I2C_Stop();                         //产生停止信号
    return u8Temp;
}
```

7.5.3 AT24C02 芯片的编程

本节使用 AT24C02 芯片读写数据的程序验证接口函数。向 AT24C02 芯片的地址 0x34 写入 1 B 数据 0x0A，然后读出这个数据，判断写入与读出的数据是否一致。具体实现如下：

（1）代码实现如下：

```
#include "../includeAll.h"
int main(void)
{
    GPIO_Init();
    unsigned char u8temp;
    AT24C02_WriteOneByte(0x34, 0x0A);
    sleep(1);                           //等待写入完成
    u8temp = AT24C02_ReadOneByte(0x34);
    printf("the data is 0x%x\n", u8temp);
    return 0;
}
```

（2）程序分析。本程序先对 I2C 总线进行初始化，随后将数据 0x0A 写入地址 0x34，再从地址 0x34 读取数据，最后在调试接口显示读取结果。

（3）连线方法。将嵌入式开发板上 IO-B07 和 IO-B06 连接到 AT24C02 芯片的 SDA 和 SCL 接口。同时将 SDA、SCL 和 GND 与逻辑分析仪连接，连线方法说明如表 7.15 所示。

表 7.15　嵌入式开发板和 AT24C02 芯片的连线说明

嵌入式开发板核心板的输出接口	外 设 接 口	逻辑分析仪接口	功　　能
IO-B06	P4-SCL	接口 0	时钟信号
IO-B07	P4-SDA	接口 1	数据信号

（4）编译运行。通过编写好的 Makefile 文件，直接执行 make 命令来编译程序，命令如下：

root@LicheePi:/home/ch7.4i2c_E2PROM_readAndWrite# make
root@LicheePi:/home/ch7.4i2c_E2PROM_readAndWrite# ./i2c_E2PROM_readAndWrite

（5）运行结果如下：

the data is 0xa

可得到两组波形，一组是主机写入数据的波形，另一组是主机读取数据的波形。

① 主机写入数据波形如图 7.24 所示。

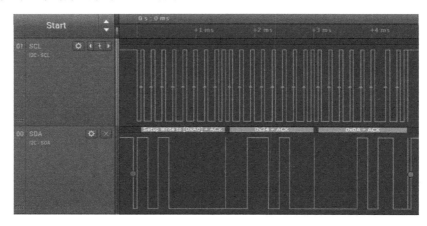

图 7.24　主机写入数据的波形

总共发送了 3 B 的数据，并且每个字节后都会有一个 ACK 应答位。其中，第一个字节是寻址字节+写标志位，第二个字节是数据存储的地址，第三个字节是写入的数据内容。

② 主机读取数据的波形如图 7.25 所示。

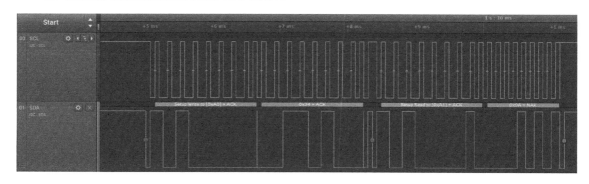

图 7.25　主机读取数据的波形

在主机读取数据的波形中，总共发送了 4 B 数据，最后一个字节是无应答信号。第一个字节是寻址地址+写标志位，第二个字节是要读取数据的地址，第三个字节是从机地址+读标志位，第四个字节是读取到的数据。

7.6 OLED 显示屏的原理与编程

由于有机发光二极管（Organic Light-Emitting Diode，OLED）具备自发光、对比度高、厚度薄、视角广、反应速度快、支持柔性面板等特点，被广泛应用在平面显示屏中。

7.6.1 OLED 显示屏的原理

1．OLED 显示屏简介

本书所用嵌入式开发板中的 OLED 显示屏的大小为 0.96 寸，像素为 128×64，简称为 0.96OLED 显示屏，其内部的驱动芯片为 SSD1306，通过 I2C 总线控制数据的传输。OLED 显示屏如图 7.26 所示，具有 4 个引脚，引脚定义如表 7.16 所示。

图 7.26　OLED 显示屏

表 7.16　OLED 显示屏的引脚定义

编　号	功　能
GND	电源地
VCC	2.2～5.5 V
SCL	时钟信号
SDA	数据信号

特别要注意，与 LCD 显示屏不同的是，OLED 上电是没有反应的，需要程序驱动才会显示数据。

2．OLED 显示屏的显示原理

OLED 显示屏本身是没有显存的，它的显存是由其驱动芯片（如 SSD1306）提供的。SSD1306 芯片的显存共 128×64 位，正好对应 OLED 显示屏的像素尺寸。SSD1306 芯片将显存分为了 8 页，每页为 128×8 位，即每页包含 128 B。

OLED 显示屏与 SSD1306 芯片显存的对应关系如图 7.27 所示，黑框中每个方格表示一个像素，利用像素的亮或灭可形成不同的图案。纵向共 64 行（0～63），横向共 128 列（0～127），图中只显示了 8×8 的一片区域。对 OLED 显示屏的操作是对一列 8 位进行的亮灭操作。

OLED 显示屏内部的像素可以理解为一个独立的 LED，点亮或者熄灭一个 LED 相当于点亮或者熄灭一个像素，通过像素的组合，可形成字符、汉字或者图片。

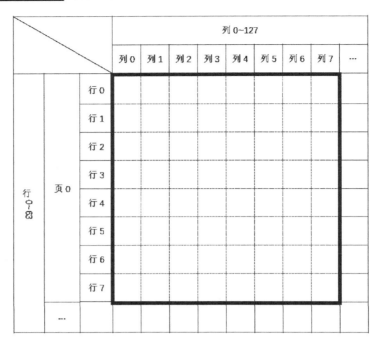

图 7.27　OLED 显示屏与 SSD1306 芯片显存的对应关系

3．OLED 显示屏的驱动芯片 SSD1306

（1）SSD1306 芯片简介。SSD1306 是一种被广泛使用的 OLED 显示屏驱动芯片。SSD1306 芯片专为共阴极 OLED 显示屏设计，可控制 256 级亮度，内部嵌入了对比度控制器、显存和晶振，因此可减少外部器件和功耗。SSD1306 芯片可通过 6800/8000 串口、I2C 总线接口或 SPI 总线接口来发送数据或命令。SSD1306 芯片有一套指令集，常用指令如表 7.17 所示。

表 7.17　SSD1306 芯片的常用指令

序号	指令（Hex）	各位描述								说　明
		D7	D6	D5	D4	D3	D2	D1	D0	
0	81	1	0	0	0	0	0	0	1	A 值越大显示屏就越亮，A 的范围为 0x00～0xFF
	A[7:0]	A7	A6	A5	A4	A3	A2	A1	A0	
1	AE/AF	1	0	1	0	1	1	1	X0	X0=0 表示关闭显示；X0=1 表示开启显示
2	8D	1	0	0	0	1	1	0	1	A2=0 表示关闭电荷泵；A2=1 表示开启电荷泵
	A[7:0]	*	*	0	1	0	A2	0	0	
3	B0～B7	1	0	1	1	0	X2	X1	X0	X[2:0]=0～7，对应页 0～7
4	00～0F	0	0	0	0	X3	X2	X1	X0	设置 8 位起始列地址的低 4 位
5	10～1F	0	0	0	1	X3	X2	X1	X0	设置 8 位起始列地址的高 4 位

（2）SSD1306 芯片的地址格式。SSD1306 芯片在发送或接收任何数据之前必须识别从机

地址。SSD1306 芯片将会应答从机地址，后面跟随着从机地址位（SA0 位）和读写（R/$\overline{\text{W}}$）位，从机地址格式如表 7.18 所示。

表 7.18 从机地址格式

8 位地址编码							
b7	b6	b5	b4	b3	b2	b1	b0
0	1	1	1	1	0	SA0	R/$\overline{\text{W}}$

SA0 位为从机地址提供了一位拓展，即 I2C 总线可以控制 2 个 SSD1306 芯片设备。R/$\overline{\text{W}}$ 位用来决定 I2C 总线的工作模式，R/$\overline{\text{W}}$ =1 时为读模式，R/$\overline{\text{W}}$ =0 时为写模式。

（3）SSD1306 芯片的控制字格式。SSD1306 芯片的控制字由 Co、D/$\overline{\text{C}}$ 以及 6 个 0 组成。如果 Co 位为 0，那么后续的信息都是数据。D/$\overline{\text{C}}$ 位决定了下一个数据是命令还是数据，如果 D/$\overline{\text{C}}$ 位是 0 则后面就是命令，如果 D/$\overline{\text{C}}$ 位是 1 则后面是数据，将被存储在显存中。SSD1306 芯片的控制字格式如图 7.28 所示，控制字左边为高位，右边为低位。

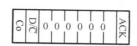

图 7.28 SSD1306 芯片的控制字格式

（4）SSD1306 芯片的数据格式。SSD1306 芯片的数据格式如图 7.29 所示，第 1 个字节为器件地址，第 2 个字节为控制字，后面为数据。

图 7.29 SSD1306 芯片的数据格式

通过 SSD1306 芯片驱动 OLED 显示屏的步骤是：首先通过 I2C 总线发送 OLED 显示屏的地址 0x78；然后通过 I2C 总线发送控制字，如发送 0x00 表示写入 SSD1306 芯片的是命令，发送的第 3 个字节为命令，发送 0x40 表示写入数据，后面的数据将被存储在 GDDRAM 中；最后通过 I2C 总线发送对应的命令或数据。

7.6.2 OLED 显示屏的接口函数

SSD1306 芯片的操作指令种类较多，流程也较为复杂。本节将 OLED 显示屏的接口函数分成两类，第一类是基于 I2C 总线的命令和数据，一共有两个函数，分别是 Write_I2C_Command 和 Write_I2C_Data。Write_I2C_Command 函数用于控制 SSD1306 芯片，Write_I2C_Data 函数只负责显示内容。第二类的函数用于调用第一类函数，负责具体的实现内容，例如 OLED_Init 函数用于初始化 OLED 显示屏，OLED_Clear 函数用于清空 OLED 显示屏上的显示内容，OLED_Set_Position 函数用于设置显示内容的起始坐标等。

OLED 显示屏的接口函数结构如图 7.30 所示，接口函数保存在 driver_i2c_oled.c 文件中。

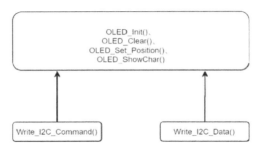

图 7.30　OLED 显示屏的接口函数结构

1．第一类函数

Write_I2C_Command 的功能是向 SSD1306 芯片写入命令，该函数的说明如表 7.19 所示。

表 7.19　Write_I2C_Command 函数的说明

头文件	#include "driver_i2c_oled.h"
函数原型	void Write_I2C_Command(unsigned char I2C_Command);
函数说明	参数 I2C_Command 表示要写入的命令
返回值	无返回值

Write_I2C_Command 函数的代码如下：

```
void Write_I2C_Command(unsigned char I2C_Command)
{
    I2C_Start();
    I2C_Write_Byte(0x78);               //从机地址 SA0 位为 0
    I2C_Wait_Ack();
    I2C_Write_Byte(0x00);               //写入命令
    I2C_Wait_Ack();
    I2C_Write_Byte(I2C_Command);
    I2C_Wait_Ack();
    I2C_Stop();
}
```

Write_I2C_Data 的功能是向 SSD1306 芯片写入数据，该函数的说明如表 7.20 所示。

表 7.20　Write_I2C_Data 函数的说明

头文件	#include "driver_i2c_oled.h"
函数原型	void Write_I2C_Data(unsigned char I2C_Data);
函数说明	参数 I2C_Data 表示要写入的数据
返回值	无返回值

Write_I2C_Data 函数的代码如下：

```
void Write_I2C_Data(unsigned char I2C_Data)
{
```

```
    I2C_Start();
    I2C_Write_Byte(0x78);                    //从机地址 SA0 位为 0
    I2C_Wait_Ack();
    I2C_Write_Byte(0x40);                    //写入数据
    I2C_Wait_Ack();
    I2C_Write_Byte(I2C_Data);
    I2C_Wait_Ack();
    I2C_Stop();
}
```

2．第二类函数

第二类函数用于调用第一类函数。OLED_Set_Position 函数的功能是设置起始位置的坐标，该函数的说明如表 7.21 所示。

表 7.21　OLED_Set_Position 函数的说明

头文件	#include "driver_i2c_oled.h"
函数原型	void OLED_Set_Position (unsigned char x, unsigned char y);
函数说明	参数 x 表示起始位置的横坐标，范围是 0～127；参数 y 表示起始位置的纵坐标，范围是 0～7
返回值	无返回值

OLED_Set_Position 函数的代码如下：

```
void OLED_Set_Position(unsigned char x, unsigned char y)
{
    Write_I2C_Command(0xb0 + y);
    Write_I2C_Command(((x & 0xf0) >> 4) | 0x10);
    Write_I2C_Command((x & 0x0f));
}
```

OLED_Set_Position 函数将输入的横坐标和纵坐标通过 I2C 总线发送到 SSD1306 芯片。

OLED_Clear 函数的功能是清空 OLED 显示屏上的显示内容，即令 OLED 显示屏处于全黑状态，该函数的说明如表 7.22 所示。

表 7.22　OLED_Clear 函数的说明

头文件	#include "driver_i2c_oled.h"
函数原型	void OLED_Clear (unsigned char x, unsigned char y);
函数说明	该函数用于清空 OLED 显示屏上的显示内容
返回值	无返回值

OLED_Clear 函数的代码如下：

```
void OLED_Clear(void)
{
    u8 i, n;
    for (i = 0; i < 8; i++)
```

```
    {
        OLED_Set_Position(0, i);                //设置页地址（0～7）
        for (n = 0; n < 128; n++)
            Write_I2C_Data(0x00);
    } //更新显示
}
```

OLED_Clear 函数首先定位到整个 OLED 显示屏左上角，然后熄灭第 0 页的 128×8 像素，接着清空下一页的 128×8 像素，直到清空整个 OLED 显示屏为止。

OLED_ShowChar 的功能是在指定位置显示一个字符，该函数的说明如表 7.23 所示。

表 7.23　OLED_ShowChar 函数的说明

头文件	#include "driver_i2c_oled.h" #include "driver_i2c_oledfont.h"
函数原型	void OLED_ShowChar(u8 x, u8 y, u8 chr);
函数说明	参数 x 表示写入位置的横坐标，范围是 0～127；参数 y 表示写入位置的纵坐标，范围是 0～63；参数 chr 表示要显示的字符
返回值	无返回值

OLED_ShowChar 函数的代码如下：

```
void OLED_ShowChar(u8 x, u8 y, u8 chr)
{
    unsigned char c = 0, i = 0;
    c = chr - ' ';                          //得到偏移后的值
    if (x > Max_Column - 1)
    {
        x = 0;
        y = y + 2;
    }
    OLED_Set_Position(x, y);
    for (i = 0; i < 8; i++)
        Write_I2C_Data(F8X16[c * 16 + i]);
    OLED_Set_Position(x, y + 1);
    for (i = 0; i < 8; i++)
        Write_I2C_Data(F8X16[c * 16 + i + 8]);
}
```

从程序中可以看到，写入的字符像素为 8×16，由两个 8×8 像素组成。

OLED_ShowString 的功能是在指定位置显示字符串，该函数的说明如表 7.24 所示。

表 7.24　OLED_ShowString 函数的说明

头文件	#include "driver_i2c_oled.h"
函数原型	void OLED_ShowString(u8 x, u8 y, u8 *chr, u8 Char_Size);

续表

函数说明	参数 x 表示写入位置的横坐标，范围是 0～127；参数 y 表示写入位置的纵坐标，范围是 0～63；参数 chr 为指针变量，指向要显示的字符串的首地址；参数 Char_Size 表示显示字体的大小，可选择 12 或 16
返回值	无返回值

OLED_ShowString 函数的代码如下：

```
void OLED_ShowString(u8 x, u8 y, u8 *chr)
{
    unsigned char j = 0;
    while (chr[j] != '\0')
    {
        OLED_ShowChar(x, y, chr[j]);
        x += 8;
        if (x > 120)
        {
            x = 0;
            y += 2;
        }
        j++;
    }
}
```

OLED_ShowString 函数首先获得指向字符串的指针，从头开始获取字符串每个字符；然后调用 OLED_ShowChar 函数显示每个字符，一直显示到字符串的"\0"为止，"\0"是字符串的终止符。显示完一个字符后，将横坐标右移 8 个像素。如果横坐标到达 128，则纵坐标下移 2 页换行。

其他的接口函数还有 OLED_ShowNum（用于显示一个数字）、OLED_ShowCHinese（用于显示一个汉字）等，其原理与以上函数相同，读者理解和体会这些函数。

7.6.3 OLED 显示屏的编程

本节通过两个简单的实例来帮助读者掌握 OLED 显示屏的使用方法，第一个实例是在 OLED 显示屏上显示一个心状图案，第二个实例是在 OLED 显示屏上显示几段文字。

1．显示一个心状图案

本实例要在 OLED 显示屏的 8×8 像素中显示一个心状图案，并根据显示的图案反推出应该发送的数据。在 8×8 像素中显示的心状图案如图 7.31 所示。

在图 7.31 中，灰色的方块表示像素为 1，即需要点亮的像素；白色方块表示像素为 0，即需要熄灭的像素。从 OLED 显示屏的显示原理可知，OLED 显示屏是一次写入竖着的 8 位数据，所以第 0 列需要写入的数据为 00011100，即 0x1C；同理第 1 列需要写入的数据为 00110010，即 0x32；以此类推。

列\行	0	1	2	3	4	5	6	7
0	0	0	0	0	0	0	0	0
1	0	1	1	0	0	1	1	0
2	1	0	0	1	1	0	0	1
3	1	0	0	0	0	0	0	1
4	1	1	0	0	0	0	1	1
5	0	1	1	0	0	1	1	0
6	0	0	1	0	0	1	0	0
7	0	0	0	1	1	0	0	0

数据	1c	32	62	84	84	62	32	1c

图 7.31　在 8×8 像素中显示的心状图案

要显示心状图案，只需要向 OLED 显示屏依次写入上面的 8 B 数据。程序完成的功能是：初始化并清空 OLED 显示屏；设定起始位置的坐标；通过 I2C 总线向 OLED 显示屏写入 8 B 的数据。

（1）代码实现如下：

```
#include "../includeAll.h"
unsigned char test[8] = {0x1c, 0x32, 0x62, 0x84, 0x84, 0x62, 0x32, 0x1c};.    //心状图案对应的数据
int main(void)
{
    u8 x = 0,y = 0;              //OLED 显示屏的坐标
    OLED_Init();                 //初始化 OLED 显示屏
    OLED_Clear();                //清空显示屏
    OLED_Set_Position(x, y);
    u8 i=0;
    for (i; i < 8; i++)          //显示心状图案
    {
        Write_I2C_Data(test[i]);
    }
}
```

（2）程序分析。本实例的程序首先初始化 OLED 显示屏，初始化 OLED 显示屏的方法较为复杂，建议读者直接调用相关函数即可；然后清空 OLED 显示屏，即熄灭 OLED 显示屏的所有像素；接着设置起始位置的坐标，这里将坐标（0，0）当成表示左上角起始位置的坐标；最后通过 I2C 总线发送心状图案对应的数据，心形图案对应的数据存放在数组中。

（3）嵌入式开发板和 OLED 显示屏的连线方法。将嵌入式开发板上 IO-B07 和 IO-B06 引脚连接到 OLED 显示屏的 SDA 和 SCL 引脚。嵌入式开发板和 OLED 显示屏的连线方法说明如表 7.25 所示。

表 7.25　嵌入式开发板和 OLED 显示屏的连线方法说明

嵌入式开发板核心板的输出接口	外 设 接 口	功　　能
IO-B06	P4-SCL	传输时钟信号
IO-B07	P4-SDA	传输数据信号

（4）编译运行。通过编写好的 Makefile 文件，直接执行 make 命令来编译程序，命令如下：

```
root@LicheePi:/home/ch7.5i2c_oledTest# make
root@LicheePi:/home/ch7.5i2c_oledTest# ./i2c_oledTest
```

（5）运行结果如图 7.32 所示。

图 7.32　OLED 显示屏上显示的心状图案

2．显示一段文字

如果 OLED 显示屏都使用第一个实例中的方法，那么程序就会变得无比复杂。所有需要显示的字符都需要一个 8 位数组，如果显示的是汉字，则需要两个 8×8 像素。为了专门计算所需要的数据，取模软件被开发了出来。取模软件全称为 LCD/OLED 汉字字模提取软件，专门用来将一个汉字转换成对应的数组。本实例通过取模软件将需要显示的汉字提前转换成数组数据，在需要显示时直接调用即可。

本书的 driver_i2c_oledfont.c 文件中存储了常用的 ASCII 字符，本实例只显示字符和数字，需要显示四行字符，分别是"12345""67890""abcde""ABCDE"。

（1）代码实现如下：

```
#include "../includeAll.h"
int main(void)
{
    unsigned char ch1[10] = "12345";
    unsigned char ch2[10] = "67890";
    unsigned char ch3[10] = "abcde";
```

```
    OLED_Init();                        //初始化 OLED
    OLED_Clear();
    OLED_ShowString(0, 0, ch1);
    OLED_ShowString(0, 2, &ch2[0]);
    OLED_ShowString(0, 4, &ch3);
    OLED_ShowString(0, 6, "ABCDE");
    return 0;
}
```

（2）程序分析。本实例的程序使用 OLED_ShowString 函数来显示文字，在输入参数中，既可以使用指向字符串的指针，也使用字符串的地址，还可以直接使用字符串。

（3）连线方法。本实例的连线方法和第一个实例相同。

（4）编译运行。通过编写好的 Makefile 文件，直接执行 make 命令来编译程序，命令如下：

```
root@LicheePi:/home/ch7.6i2c_oledDisplay# make
root@LicheePi:/home/ch7.6i2c_oledDisplay# ./i2c_oledDisplay
```

（5）运行结果如图 7.33 所示。

图 7.33　在 OLED 显示屏上显示的一段文字

练习题 7

7.1　I2C 总线需要几条传输线？分别有什么作用？采用的是全双工模式还是半双工模式？

7.2　在一主多从的模式下，I2C 总线是如何工作的？

7.3　I2C 总线通信的起始信号和终止信号分别是怎么产生的？

7.4　I2C 总线通信流程的格式是什么？

7.5　在 I2C 总线通信过程中，什么情况下的数据是有效的？

7.6　在 I2C 总线通信中，应答信号是如何表示的？

7.7　使用 PCF8591 芯片 A/D 转换功能的操作步骤是什么？

7.8　使用 PCF8591 芯片 D/A 转换功能的操作步骤是什么？

7.9　一个 8 位 ADC 的电压范围为-9～10 V。若输出为 01001010，那么实际的模拟电压是多少？

7.10　DAC 和之前介绍的 PWM 波均可输出模拟信号，查找相关资料，找出两者的不同。

7.11　使用 PCF8591 芯片 D/A 转换功能产生一个电压为 0～5 V 的正弦波。

7.12　E2PROM 的全称是什么？有什么优点？

7.13　简述 AT24C02 芯片的读写操作流程。

7.14　OLED 的显示通过什么控制的？它的控制字格式和数据格式分别是什么？

7.15　在 16×16 像素的范围内显示一个心状图案，请模仿本书的实例编写自己的程序。

第 8 章
嵌入式 Linux 接口编程：SPI

第 6 章和第 7 章分别介绍了 UART 和 I2C 的编程，本章主要介绍另外一种串行通信协议——SPI 协议，并结合 ADXL345 型加速度传感器来帮助读者深入理解 SPI 协议工作原理。

8.1 SPI 总线协议的基础

串行外设接口（Serial Peripheral Interface，SPI）总线是由 Motorola 公司提出的通信协议，也是一种高速、全双工、同步通信总线。SPI 总线的传输速率较高，一般可以到几十 Mbps，广泛用于高速 ADC、LCD 等设备与 CPU 之间的通信。

8.1.1 SPI 总线的接口定义

SPI 总线以主从方式工作，提供时钟信号的设备为主机（Master），接收时钟信号的设备为从机（Slave）。SPI 使用 4 条传输线，包括 $\overline{CS}$（片选信号线）、SCK（时钟线）、MOSI（主出从入线）、MISO（主入从出线）。当 SPI 总线工作在半双工模式时，只需要 3 条传输线，将 MOSI 和 MISO 合成了一条传输线。本书介绍 4 线 SPI，相关传输线如下：

SCK（Serial Clock）：时钟线（有时也称为 SCLK），用于传输由主机产生时钟信号，其作用是实现通信的同步。时钟信号决定了 SPI 总线的传输速率，不同设备支持的传输速率是不一样的，两个设备的传输速率受限于低速设备。

$\overline{CS}$（Chip Select）：片选信号线，用于传输有主机控制的从机使能信号，通知从机是否被选中。每个从机都有独立的片选信号线，这也意味着 SPI 总线可以同时支持多个从机。SPI 总线使用片选信号线来寻址，当主机要选择某从机时，把该从机的片选信号线设置为低电平，该从机被选中，主机即可与被选中的从机进行通信。SPI 总线以 $\overline{CS}$ 被拉低作为起始信号，以 $\overline{CS}$ 被拉高作为停止信号。

MOSI（Master Output Slave Input）：主出从入线，是主机向从机发送数据的传输线，该线上的数据方向为主机到从机。

MISO（Master Input Slave Output）：主入从出线，是从机向主机发送数据的传输线，该线上的数据方向为从机到主机。

8.1.2 单从机模式

最典型的 SPI 总线应用是单从机模式，此时主机和从机的连接如图 8.1 所示。

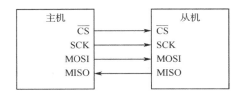

图 8.1 单从机模式下主机和从机的连接

8.1.3 多从机模式

SPI 总线也支持多从机模式，此时主机通过不同的片选信号线来选择不同的从机。多从机模式下主机和从机的连接如图 8.2 所示。

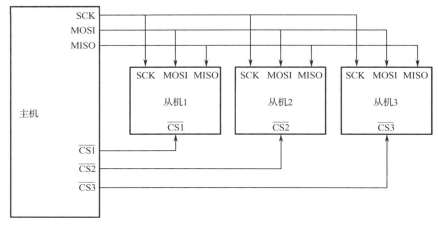

图 8.2 多从机模式下主机和从机的连接

在多从机模式下，主机需要为每个从机提供单独的片选信号线，一旦主机拉低某从机的片选信号，就表示该从机被选中。注意：不可同时选中多个从机。

8.1.4 SPI 总线的起始信号和停止信号

SPI 总线的起始信号和停止信号如图 8.3 所示。图中标号①处，$\overline{CS}$ 由高电平变低电平，表示 SPI 总线开始通信，是 SPI 总线的起始信号；标号⑥处，$\overline{CS}$ 由电平低变高电平，表示 SPI 总线结束通信，是 SPI 总线的停止信号。

8.1.5 SPI 总线的数据有效性

SPI 总线通过 MOSI 和 MISO 来传输数据，通过 SCK 进行通信同步。MOSI 及 MISO 在 SCK 的每个时钟周期传输 1 位数据，且数据是双向传输的。在进行数据传输时，是高位先行（MSB）还是低位先行（LSB），SPI 总线协议并没有做硬性规定，只要保证一致即可，通常约定为高位先行。

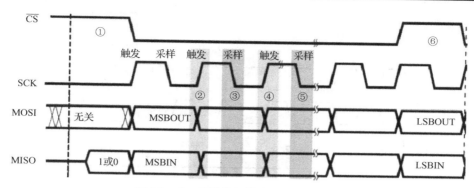

图 8.3　SPI 总线的起始信号和停止信号

观察图 8.3 中的标号②、③、④和⑤，MOSI 及 MISO 在 SCK 的上升沿被触发，在 SCK 的下降沿被采样，即在 SCK 的下降沿，MOSI 及 MISO 上的数据被读取，高电平表示数据"1"，低电平表示数据"0"。注意：图 8.3 只是 SPI 总线的 4 种通信模式中的一种。

SPI 总线每次可以传输 8 位或 16 位数据，每次传输的数据数量不受限制。

8.1.6　SPI 总线的通信模式

SPI 总线有 4 种通信模式，通信双方必须工作在同一种通信模式下。通信模式由 CPOL（时钟极性）和 CPHA（时钟相位）决定，具体如下：

（1）CPOL：用于标志当 SPI 总线上的设备处于空闲状态时，SCK 的电平信号。当 CPOL=0 时，SCK 在空闲状态时为低电平；当 CPOL=1 时，SCK 在空闲状态时为高电平。

（2）CPHA：用于表示数据采样的时刻，当 CPHA=0 时，MOSI 或 MISO 上传输的数据将会在 SCK 的奇数边沿被采样。当 CPHA=1 时，MOSI 或 MISO 上传输的数据将会在 SCK 的偶数边沿被采样。

CPHA=0 时的通信时序如图 8.4 所示，CPHA=1 时的通信时序如图 8.5 所示。

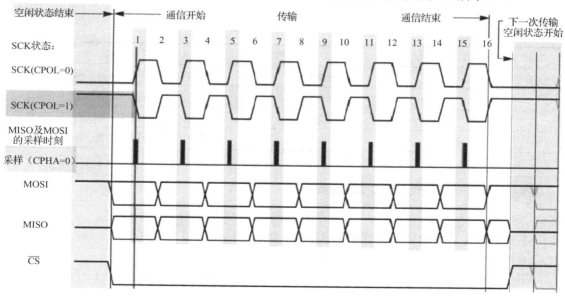

图 8.4　CPHA=0 时的通信时序

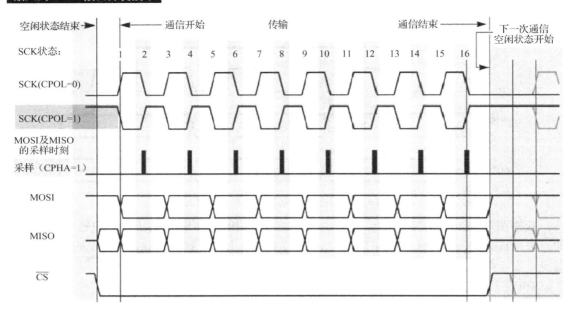

图 8.5　CPHA=1 时的通信时序

在图 8.4 中，当 CPHA=0 时，根据 SCK 在设备空闲状态时的电平可分为 CPOL=0 和 CPOL=1 两种情况。在设备空闲的状态下，当 CPOL=0 时 SCK 为低电平，当 CPOL=1 时 SCK 为高电平，此时采样是在 SCK 的奇数边沿进行的。需要注意的是，当 CPOL=0 时，采样是在奇数边沿的上升沿进行的，当 CPOL=1 时，采样是在奇数边沿下降沿进行的。MOSI 和 MISO 的有效信号在 SCK 的奇数边沿保持不变；在非采样时刻，MOSI 和 MISO 的有效信号才发生切换。图 8.5 所示的时序可以按照类似的方法来分析。

根据 CPOL 和 CPHA 的不同取值，SPI 总线可分为 4 种通信模式，如表 8.1 所示，在实际中多采用通信模式 0 与通信模式 3。

表 8.1　SPI 总线的 4 种通信模式

通信模式	CPOL	CPHA	设备空闲状态下的时钟极性	用于采样数据或移位数据的时钟相位
0	0	0	低电平	数据在上升沿采样数据，在下降沿移位数据
1	0	1	低电平	数据在下降沿采样数据，在上升沿移位数据
2	1	0	高电平	数据在下降沿采样数据，在上升沿移位数据
3	1	1	高电平	数据在上升沿采样数据，在下降沿移位数据

8.2　SPI 总线的接口函数

本书的 SPI 总线通信是通过软件模拟的，使用 GPIO 接口来产生 SPI 总线时序，相关的接口函数保存在 bsp_spi.c 文件中。具体如下：

第 1 个接口函数是 SPI_Init，其功能是初始化引脚，该函数的说明如表 8.2 所示。

表 8.2　SPI_Init 函数的说明

头文件	#include "bsp_spi.h"
函数原型	void SPI_Init(char cMode);
函数说明	参数 cMode 表示 SPI 总线的通信模式，有 4 种通信模式，cMode 的取值为 0、1、2 和 3，分别对应通信模式 0、通信模式 1、通信模式 2 和通信模式 3。SPI 总线的通信模式是由从机决定的，详见 8.1.4 节。该函数用到了 SPI 总线接口的 4 个引脚，即 $\overline{CS}$、SCK、MOSI、MISO（分别对应着 4 条传输线），这 4 个引脚的输入/输出模式分别是输出、输出、输出、输入
返回值	无返回值

SPI_Init 函数的代码如下：

```
void SPI_Init(char cMode)
{
    GPIO_Init();                                    // （1）
    GPIO_ConfigPinMode(PortCS, PinCS, OUT);         // （2）
    GPIO_ConfigPinMode(PortSCK, PinSCK, OUT);       // （3）
    GPIO_ConfigPinMode(PortMOSI, PinMOSI, OUT);     // （4）
    GPIO_ConfigPinMode(PortMISO, PinMISO, IN);      // （5）
    GPIO_SetPin(PortCS, PinCS, 1);                  // （6）
    switch (cMode)
    {
    case 0: //使用通信模式 0，将 SCK 初始化为低电平
    case 1:
        GPIO_SetPin(PortSCK, PinSCK, 0);            // （7）
        break;
    case 2: //使用通信模式 2，将 SCK 初始化为高电平
    case 3:
        GPIO_SetPin(PortSCK, PinSCK, 1);            // （8）
        break;
    default:
        break;
    }
}
```

上述代码中的注释如下：

（1）利用内存重映射对 GPIO 接口进行初始化，这是使用 GPIO 接口模拟 SPI 总线通信的重要步骤。

（2）将 $\overline{CS}$ 引脚设置为输出模式。

（3）将 SCK 引脚设置为输出模式。

（4）将 MOSI 引脚设置为输出模式。

（5）将 MISO 引脚设置为输入模式。

（6）将 $\overline{CS}$ 引脚设置为高电平，此时无法进行 SPI 总线通信。SPI 总线通信以 $\overline{CS}$ 被拉低作为起始信号。

（7）在通信模式 0 和通信模式 1 情况下，将 SCK 初始化为低电平。

（8）在通信模式 2 和通信模式 3 情况下，将 SCK 初始化为高电平。

第 2 个接口函数是 SPI_mode0_RWByte，其作用是在通信模式 0 下收发 1 B 的数据，该函数的说明如表 8.3 所示。

表 8.3　SPI_mode0_RWByte 函数的说明

头文件	#include "bsp_spi.h"
函数原型	unsigned char SPI_ReadWriteByte(unsigned char u8DataIn);
函数说明	参数 u8DataIn 表示要发送的数据，大小是 1 B；主机先通过 MOSI 发送数据，然后通过 MISO 读取从机的数据
返回值	返回值是从 MISO 读取到的从机数据

SPI_mode0_RWByte 函数的代码如下：

```
unsigned char SPI_mode0_RWByte(unsigned char u8DataIn)
{
    int i = 0;
    unsigned char u8DataOut = 0;
    for (i = 0; i < 8; i++)
    {
        GPIO_SetPin(PortSCK, PinSCK, 0);
        usleep(10);
        //写数据
        if ((u8DataIn & 0x80) == 0x80)                  // （1）
        {
            GPIO_SetPin(PortMOSI, PinMOSI, 1);          // （2）
        }
        else
        {
            GPIO_SetPin(PortMOSI, PinMOSI, 0);          // （3）
        }
        u8DataIn <<= 1;                                 // （4）
        u8DataOut <<= 1;                                // （5）
        //读取数据
        if (GPIO_GetPin(PortMISO, PinMISO) != 0)        // （6）
        {
            u8DataOut |= 0x01;                          // （7）
        }
        else
        {
            u8DataOut |= 0x00;                          // （8）
        }
        usleep(10);
        GPIO_SetPin(PortSCK, PinSCK, 1);               // （9）
        usleep(10);
    }
```

```
        return u8DataOut;                              //返回读取到的数据
    }
```

SPI_mode0_RWByte 函数使用的是通信模式 0，SCK 为高电平时是起始信号，通信模式 0 在第 1 个信号沿收发数据。上述代码中的注释如下：

（1）SPI 总线的数据格式为高位在前，这里判断最高位是否为 1。

（2）若最高位是 1，则将 MOSI 引脚置 1。

（3）若最高位是 0，则将 MOSI 引脚置 0。

（4）u8DataIn 表示需要发送的数据，将数据整体左移 1 位后，原来第 2 位数据变成最高位，为发送下一位数据做准备。

（5）u8DataOut 表示需要接收的数据，将数据整体左移 1 位后，原来第 2 位数据变成最高位，为接收下一位数据做准备。

（6）判断来自从机的数据最高位是否为 1。

（7）SPI 总线在接收数据时先接收高位，若从机数据最高位是 1，则将 u8DataOut 的最低位置 1（最后通过移位将最低位移动到最高位）。

（8）若从机数据最高位是 0，则将 u8DataOut 的最低位置 0（最后通过移位将最低位移动到最高位）。

（9）本函数使用的是通信模式 0，SCK 为高电平时是起始信号，因为通信模式 3 在第 2 个信号沿收发数据，在前面产生一个下降沿后，需要在这里产生一个上升沿作为数据采样时刻。

其他接口函数还有 SPI_mode1_RWByte、SPI_mode2_RWByte 和 SPI_mode3_RWByte，分别用于在通信模式 1、通信模式 2 和通信模式 3 下收发 1 B 的数据。

8.3　通过逻辑分析仪测试 SPI 总线的信号波形

本节通过逻辑分析仪来测试 SPI 总线发送数据的程序，该程序保存在 ch8.1spi_sendTest.c 文件中。程序实现的功能是：初始化 SPI 总线，选择通信模式 3；通过片选信号线选中一个从机；发送 0x01 和 0x02；复位片选信号线。

（1）代码实现如下：

```
#include "../includeAll.h"
int main(void)
{
    SPI_Init(3);
    GPIO_SetPin(PortCS, PinCS, 0);
    usleep(10);
    SPI_mode3_RWByte(0x01);
    usleep(10);
    SPI_mode3_RWByte(0x02);
    usleep(10);
    GPIO_SetPin(PortCS, PinCS, 1);
    return 0;
}
```

（2）程序分析。本程序使用 SPI 总线发送数据 0x01 和 0x02。

（3）嵌入式开发板、SPI 总线和逻辑分析仪的连接方法。将嵌入式开发板的 IO-C02、IO-C00、IO-C03 和 IO-C01 引脚连接到 SPI 总线的 $\overline{CS}$、MISO、MOSI 和 SCK 引脚，将逻辑分析仪的 CH0、CH1、CH2 和 CH3 分别与 SPI 总线的 $\overline{CS}$、MISO、MOSI 和 SCK 引脚相连，逻辑分析仪的地和开发板地连接。嵌入式开发板、SPI 总线和逻辑分析仪的连接方法如图 8.6 所示，连线方法说明如表 8.4 所示。

图 8.6　嵌入式开发板、SPI 总线和逻辑分析仪的连接方法

表 8.4　嵌入式开发板、SPI 总线和逻辑分析仪的连线方法说明

嵌入式开发板核心板的输出接口	外　设　接　口	逻辑分析仪接口	功　　能
IO-C01	P4-SCK	通道 3（CH3）	时钟信号
IO-C03	P4-MOSI	通道 2（CH2）	主机输出
IO-C00	P4-MISO	通道 1（CH1）	从机输出
IO-C02	P4-CS	通道 0（CH0）	片选信号

（4）逻辑分析软件的设置。将逻辑分析软件的采样速率和持续时间分别设置为 24 MS/s 和 2 s，如图 8.7 所示。

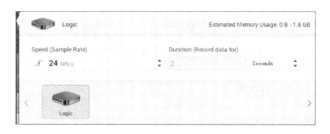

图 8.7　设置逻辑分析软件的采样速率和持续时间

将逻辑分析软件中的通道 0、通道 1、通道 2 和通道 3 分别命名为 CS、MISO、MOSI 和 SCK，设置 CS 为下降沿触发，如图 8.8 所示。注意：4 个通道的顺序可通过拖曳的方式来改变。

将逻辑分析软件的协议选择为 SPI，数据进制选择 Hex，单击 Edit Settings 设置对应通道以及 CPOL=1，CPHA=1，即通信模式 3。协议设置完成后的界面如图 8.9 所示。

图 8.8　在逻辑分析软件中命名通道并设置触发条件　　图 8.9　协议设置完成后的界面

完成协议的设置后，在逻辑分析软件界面中单击"Start"按钮即可采集相应的信号波形。

（5）编译运行。通过编写好的 Makefile 文件，直接执行 make 命令来编译程序，命令如下：

```
root@LicheePi:/home/ch8.1spi_sendTest# make
root@LicheePi:/home/ch8.1spi_sendTest# ./spi_sendTest
```

（6）运行结果。逻辑分析软件界面显示的运行结果如图 8.10 所示。

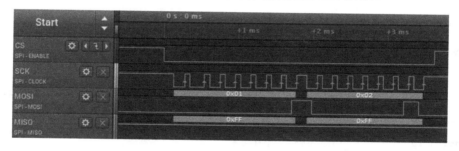

图 8.10　逻辑分析软件界面显示的运行结果

8.4　三轴加速度传感器的原理与编程

SPI 总线是一种串行接口，具有可工作在全双工模式、传输速率快的特点。本书使用的嵌入式开发板搭载了 ADXL345 型三轴加速度传感器（以下称为 ADXL345 芯片），该芯片可以通过 SPI 总线进行数据传输。本节通过 ADXL345 芯片的 SPI 总线读写时序，加深对 SPI 总线的理解；通过 ADXL345 芯片的编程来帮助读者掌握该传感器的使用方法。

ADXL345 芯片是一款小而薄的超低功耗三轴加速度传感器，分辨率高达 13 位，测量范围达±16g（g 是重力加速度单位，标准重力加速度单位是 m/s^2，一般用 g 表示）。最大输出数据速率 3200 Hz，输出方式为 16 位二进制补码格式，除了 4 线 SPI 外，还支持 3 线 SPI 或 I2C 总线接口访问。ADXL345 芯片不仅可以检测静态重力加速度，还可以检测运动或冲击导致的动态加速度。

8.4.1　ADXL345 芯片的工作原理

1．ADXL345 芯片简介

ADXL345 芯片使用 MEMS 半导体技术将微机械结构与电子电路集成在同一颗芯片上，实现了对单轴、双轴、三轴加速度的测量，可输出模拟信号或数字信号。ADXL345 芯片可以用来测量加速度，或者检测倾斜、冲击、振动等运动状态，广泛应用在工业、医疗、通信、消费电子和汽车等领域。ADXL345 芯片的引脚如图 8.11 所示。

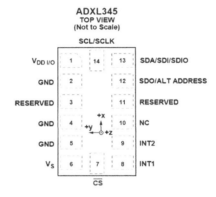

图 8.11　ADXL345 芯片的引脚

ADXL345 芯片的引脚功能如表 8.5 所示。

表 8.5　ADXL345 芯片的引脚功能

引 脚 编 号	引 脚 名 称	功 能 描 述
1	$V_{DD\ I/O}$	数字接口的电源电压
2	GND	接地
3	RESERVED	保留，必须接 V_S 或者断开
4	GND	接地
5	GND	接地
6	V_S	电源电压
7	$\overline{CS}$	片选信号
8	INT1	中断输出 1
9	INT2	中断输出 2
10	NC	不连接
11	RESERVED	保留，必须接地或者断开
12	SDO/ALT ADDRESS	SPI 总线的数据线或 I2C 总线的地址选择
13	SDA/SDI/SDIO	I2C 总线数据线、SPI 总线的数据输入或 3 线 SPI 总线的输入/输出
14	SCL/SCLK	I2C 总线或 SPI 总线的时钟线

ADXL345 芯片工作原理：先通过感应器件测得加速度的大小；然后将感应到的信号转变

成可识别的电信号，这个信号是模拟信号；接着将可识别的电信号转换成数字信号；最后可在控制和中断逻辑单元的控制下访问 32 级 FIFO，通过 SPI 总线接口读取 ADXL345 芯片检测到的加速度数据和倾角数据。

2. ADXL345 芯片的读写原理

本书采用 4 线 SPI 总线来连接 ADXL345 和微处理器，如图 8.12 所示，ADXL345 芯片作为 SPI 总线的从机，其 SDI 引脚作为 MOSI 引脚，SDO 引脚作为 MISO 引脚。

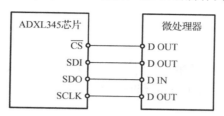

图 8.12　ADXL345 和微处理器的连接

图 8.12 中，SPI 总线的主机（微处理器）通过 $\overline{\text{CS}}$ 来选中 ADXL345 芯片，$\overline{\text{CS}}$ 必须在数据传输开始时被拉低；SCLK（等同于 SCK）信号由 SPI 总线的主机提供。SPI 总线采用通信模式 3，即 CPOL 和 CPHA 均为 1，当 ADXL345 芯片处于空闲状态时，SCLK 为高电平；SDI 和 SDO 分别为数据输入引脚和输出引脚，在 SCLK 的下降沿进行数据移位，在 SCLK 的上升沿进行采样。

ADXL345 芯片的写时序如图 8.13 所示，分成写入地址和写入数据两部分。首先拉低 $\overline{\text{CS}}$，接着拉低 SCLK，随后进行数据更新，最后在 SCLK 的上升沿进行数据采样。其中 $\overline{\text{W}}$ 是写入标志位，1 B 的地址数据被发送到 ADXL345 芯片中，即图中 ADDRESS BITS；接下来写入 1 B 的数据，即图中 DATA BITS，此时即可完成 SPI 总线的写操作。

如果要在单次传输内读写多个字节，则必须将 MB 设置为 1（MB=0 表示单字节传输，MB=1 表示多字节传输）。SCLK 在 8 个时钟脉冲后导致 ADXL345 指向下一个寄存器的读写，时钟脉冲停止后，移位才随之终止，$\overline{\text{CS}}$ 失效。

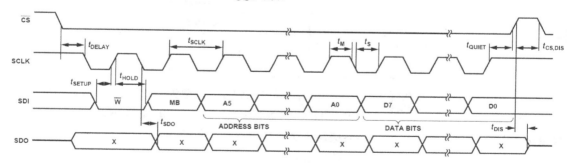

图 8.13　ADXL345 芯片的写时序

ADXL345 芯片的读时序如图 8.14 所示，分成写入地址和读取数据两部分。首先拉低 $\overline{\text{CS}}$，接着拉低 SCLK，随后进行数据更新，最后在 SCLK 的上升沿进行数据采样。其中 R 是读取标志位，1 B 的地址数据被发送到 ADXL345 芯片中，即图中 ADDRESS BITS；接下来读取 SDO 上的，即图中 DATA BITS，此时即可完成 SPI 总线的读操作。

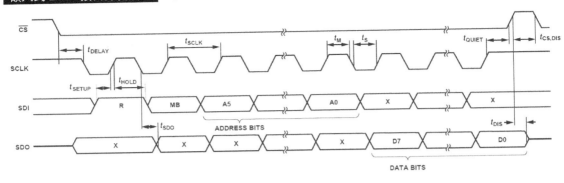

图 8.14　ADXL345 芯片的读时序

通过 ADXL345 芯片的读时序和写时序，可以理解嵌入式开发板通过 SPI 总线来控制 ADXL345 芯片的读写过程，8.4.3 节将通过一个具体的实例编程来实现这一过程。

3．ADXL345 芯片的寄存器

嵌入式开发板对 ADXL345 芯片的操作主要是对该芯片的寄存器进行的读写操作。表 8.6 简要介绍了 ADXL345 芯片的部分寄存器，完整的寄存器介绍请参考数据手册。

表 8.6　ADXL345 芯片寄存器

寄存器地址		名　　称	类　型	复位值	描　　述
十六进制	十进制				
0x00	0	DEVID	R	11100101	器件 ID
0x01～0x1C	1～28	保留	—	—	—
0x2C	44	BW_RATE	R/W	00001010	数据速率及功率模式控制
0x32	50	DATAX0	R	00000000	x 轴数据 0
0x33	51	DATAX1	R	00000000	x 轴数据 1
0x34	52	DATAY0	R	00000000	y 轴数据 0
0x35	53	DATAY1	R	00000000	y 轴数据 1
0x36	54	DATAZ0	R	00000000	z 轴数据 0
0x37	55	DATAZ1	R	00000000	z 轴数据 1

表 8.6 中，地址为 0x00 的寄存器，其名字为 DEVID，类型为只读，复位值为 11100101，即 0xE5，表示器件 ID；地址为 0x01～0x1C 的寄存器保留未用；地址为 0x2C 的寄存器，其类型是 R/W，即可读可写，该寄存器决定了速率和功率；地址为 0x32～0x37 寄存器，保存的是 x、y、z 轴方向上的加速度数据，每个数据的大小为 2 B。

4．ADXL345 芯片的计算原理

在读取三个轴方向上的加速度之前，需要先对三轴加速度传感器有一个大致的了解。图 8.15 所示为加速度分量与传感器的示意图，图中的坐标系是传感器三个轴上的测量方向，决定了加速度的方向。

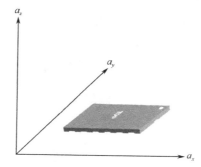

图 8.15　加速度分量与传感器的示意图

图 8.16 所示为 ADXL345 芯片的 6 种摆放姿势。例如，对于图中的①，结合图 8.15 可知，此时 x 轴方向上为向下的重力加速度，y 轴和 z 轴方向上没有加速度。其余 5 种摆放姿势可用类似的方法进行分析。在现实中，加速度往往是三个轴方向上加速度的叠加结果，计算相对比较复杂。

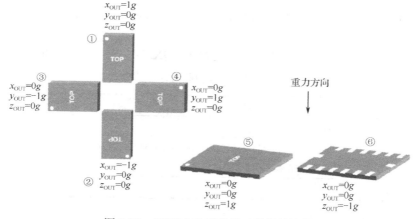

图 8.16　ADXL345 芯片的 6 种摆放姿势

ADXL345 芯片倾角的计算示意图如图 8.17 所示。

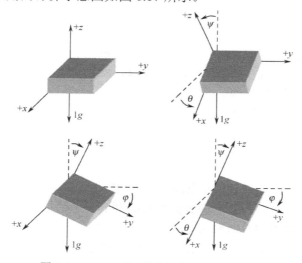

图 8.17　ADXL345 芯片倾角的计算示意图

在任何一种姿势情况下，倾角可以用标准坐标系坐标轴与实际 x、y、z 轴之间的夹角来表示，分别定义为 θ、ψ 和 φ，倾角计算公式如下：

$$\theta = \arctan\left(\frac{a_x}{\sqrt{a_y^2 + a_z^2}}\right)$$

$$\psi = \arctan\left(\frac{a_y}{\sqrt{a_x^2 + a_z^2}}\right)$$

$$\varphi = \arctan\left(\frac{a_z}{\sqrt{a_x^2 + a_y^2}}\right)$$

8.4.2 ADXL345 芯片的接口函数

下面对 ADXL345 芯片的接口函数进行介绍，这些接口函数保存在 driver_spi_adxl345.c 文件中。

第 1 个接口函数是 adxl345_init，其功能是初始化 ADXL345 芯片，该函数的说明如表 8.7 所示。

表 8.7 adxl345_init 函数的说明

头文件	#include "driver_spi_adxl345.h"
函数原型	void adxl345_init(char cMode);
函数说明	参数 cMode 表示选择 SPI 总线的通信模式，ADXL345 芯片选择通信模式 3。该函数主要是通过 ADXL345 芯片的寄存器来初始化 ADXL345 芯片的
返回值	无返回值

adxl345_init 函数的代码如下：

```
void adxl345_init(char cMode)
{
    SPI_Init(cMode);                    // （1）
    adxl345_RegWrite(0x1e, 0x00);       // （2）
    adxl345_RegWrite(0x1f, 0x00);       // （3）
    adxl345_RegWrite(0x20, 0x00);       // （4）
    adxl345_RegWrite(0x31, 0x0b);       // （5）
    adxl345_RegWrite(0x2c, 0x0a);       // （6）
    adxl345_RegWrite(0x2d, 0x08);       // （7）
}
```

上述代码中的注释说明如下：

（1）ADXL345 芯片使用的是 SPI 总线，通过 GPIO 接口模拟 SPI 总线并进行初始化。

（2）向地址为 0x1E 的寄存器发送数据 0x00，设置 x 轴的偏移量为 0。

（3）向地址为 0x1F 的寄存器发送数据 0x00，设置 y 轴的偏移量为 0。

（4）向地址为 0x20 的寄存器发送数据 0x00，设置 z 轴的偏移量为 0。

（5）向地址为 0x31 的寄存器发送数据 0x0B，设定测量范围，量程为 $\pm16g$，分辨率为 13 位。

（6）向地址为 0x2C 的寄存器发送数据 0x0A，设置输出数据速率为 100 Hz。

（7）向地址为 0x2D 的寄存器发送数据 0x08，禁止使用自动休眠模式，使 ADXL345 芯片处于测量模式和普通工作模式。

第 2 个接口函数是 adxl345_RegRead，其功能是读取 ADXL345 芯片某个地址的数据，该函数的说明如表 8.8 所示。

表 8.8　adxl345_RegRead 函数的说明

头文件	#include "driver_spi_adxl345.h"
函数原型	unsigned char adxl345_RegRead (unsigned char addr);
函数说明	参数 addr 为读取数据的地址
返回值	返回值为读取到的数据

adxl345_RegRead 函数的代码如下：

```
unsigned char adxl345_RegRead(unsigned char addr)
{
    unsigned char data = 0;
    GPIO_SetPin(PortCS, PinCS, 0);            // （1）
    usleep(10);
    SPI_mode3_RWByte(addr|0x80);             // （2）
    usleep(10);
    data = SPI_mode3_RWByte(0x55);           // （3）
    usleep(10);
    GPIO_SetPin(PortCS, PinCS, 1);            // （4）
    usleep(20);
    return data;
}
```

上述代码中的注释说明如下：

（1）将 $\overline{CS}$ 设为低电平，主机选中从机，开始通信。

（2）发送的第 1 个字节为控制字，最高位（左边）为 1（通过与 0x80 进行或运算）表示读取地址，第 2 位为 0 表示单字节传输；addr 为要读取的地址（6 位）。

（3）发送的第 2 个字节为数据字，表示要读取 ADXL345 芯片寄存器中的数据，需要先向该寄存器写入一个数据，数据任意（一般选择 0x55 或 0xFF）。发送数据的目的仅仅是让主机为从机提供串行时钟，所以发送的数据是任意的。

（4）将 $\overline{CS}$ 设为高电平，主机取消选中的从机，通信结束。

第 3 个接口函数是 adxl345_RegWrite，其功能是对 ADXL345 芯片某个地址写入数据，该函数的说明如表 8.9 所示。

表 8.9　adxl345_RegWrite 函数的说明

头文件	#include "driver_spi_adxl345.h"
函数原型	unsigned char adxl345_RegWrite (unsigned char addr, unsigned char data);
函数说明	参数 addr 是写入数据所在地址；参数 data 是要写入的数据
返回值	成功运行返回 0

adxl345_RegWrite 函数的代码如下：

```
unsigned char adxl345_RegWrite(unsigned char addr, unsigned char data)
{
    GPIO_SetPin(PortCS, PinCS, 0);            // （1）
    usleep(10);
    SPI_mode3_RWByte(addr&0x7F);              // （2）
    usleep(10);
    SPI_mode3_RWByte(data);                   // （3）
    usleep(10);
    GPIO_SetPin(PortCS, PinCS, 1);            // （4）
    usleep(20);
    return 0;
}
```

上述代码中的注释说明如下：

（1）将 $\overline{CS}$ 设为低电平，主机选中从机，开始通信。

（2）发送的第 1 个字节为控制字，最高位（左边）为 0（通过与 0x7F 进行与运算）表示写入地址，第 2 位为 0 表示单字节传输；addr 为要写入的地址（6 位）。

（3）发送的第 2 个字节为数据字，向寄存器地址写入的数据为 data。

（4）将 $\overline{CS}$ 设为高电平，主机取消选中的从机，通信结束。

第 4 个接口函数是 signedIntToFloat，其功能是将输出的补码数据转化成十进制浮点数，该函数的说明如表 8.10 所示。

表 8.10　signedIntToFloat 函数的说明

头文件	#include "driver_spi_adxl345.h"
函数原型	float signedIntToFloat(int sInt);
函数说明	参数 s 是输出的补码数据，该函数的作用是进行数据格式的转换
返回值	返回值是转换后的十进制浮点数

signedIntToFloat 函数的代码如下：

```
float signedIntToFloat(int sInt)
{
    float fData;
    if (sInt > 0x0FFF)                                    // （1）
        fData = -(float)((0xFFFF - sInt + 1) * 0.0039f);  // （2）
    else
        fData = sInt * 0.0039f;                           // （3）
    return fData;
}
```

上述代码中的注释说明如下：

（1）当 16 位的十六进制数大于 0x0FFF 时，最高位为 1，表示该数是负数，需要进行转换。

（2）将负数的补码格式转换为原码后再转换为十进制浮点数，补码的补码即原码，0.0039 为比例系数。

（3）正数的补码和原码相等，将原码转换为十进制浮点数。

（4）0.0039 为比例系数，即 ADXL345 的测量范围和二进制最大输出值的比值。

第 5 个接口函数是 adxl345_readXYZdata，其功能是读取 ADXL345 芯片采集的加速度和倾角，该函数需要包含头文件 math.h，该头文件包含了复杂的计算函数。adxl345_readXYZdata 函数的说明如表 8.11 所示。

表 8.11　adxl345_readXYZdata 函数的说明

头文件	#include "driver_spi_adxl345.h" #include "math.h"
函数原型	unsigned char adxl345_readXYZdata(ADXL345XYZDATA *adxl345xyzData);
函数说明	参数 adxl345xyzData 是结构体变量，定义在 driver_adxl345.h 文件中，用于存放加速度数据；该函数处理读取到的加速度数据并计算倾角
返回值	成功运行返回 0

adxl345_readXYZdata 函数的代码如下：

```
unsigned char adxl345_readXYZdata(ADXL345XYZDATA *adxl345xyzData)
{
    float Ax, Ay, Az;
    unsigned char BUF[6];
    double val = 180.0 / PI;
    // （1）
    BUF[0] = adxl345_RegRead(0x32);          //0x32 存放 x 轴方向上加速度的低位数据
    BUF[1] = adxl345_RegRead(0x33);          //0x33 存放 x 轴方向上加速度的高位数据
    BUF[2] = adxl345_RegRead(0x34);          //0x34 存放 y 轴方向上加速度的低位数据
    BUF[3] = adxl345_RegRead(0x35);          //0x35 存放 y 轴方向上加速度的高位数据
    BUF[4] = adxl345_RegRead(0x36);          //0x36 存放 z 轴方向上加速度的低位数据
    BUF[5] = adxl345_RegRead(0x37);          //0x37 存放 z 轴方向上加速度的高位数据
    // （2）
    adxl345xyzData->nXdata = ((unsigned int)BUF[1] << 8) + BUF[0];
    adxl345xyzData->nYdata = ((unsigned int)BUF[3] << 8) + BUF[2];
    adxl345xyzData->nZdata = ((unsigned int)BUF[5] << 8) + BUF[4];
    // （3）
    adxl345xyzData->fXdata = signedIntToFloat(adxl345xyzData->nXdata);
    adxl345xyzData->fYdata = signedIntToFloat(adxl345xyzData->nYdata);
    adxl345xyzData->fZdata = signedIntToFloat(adxl345xyzData->nZdata);
    Ax = adxl345xyzData->fXdata;
    Ay = adxl345xyzData->fYdata;
    Az = adxl345xyzData->fZdata;
    // （4）
    adxl345xyzData->Angel_x = (atan(Ax/sqrt(Ay * Ay + Az * Az)))/PI*180;
    adxl345xyzData->Angel_y = (atan(Ay/sqrt(Ax * Ax + Az * Az)))/PI*180;
    adxl345xyzData->Angel_z = (atan(sqrt(Ax * Ax + Ay * Ay)/Az))/PI*180;
    sleep(1);
    return 0;
}
```

上述代码中的注释说明如下：

（1）ADXL345 芯片输出的 x、y、z 轴方向上加速度数据分别存放在地址为 0x32～0x37 的寄存器中，从这些寄存器中读取数据后存放在数组中，数据分为低位和高位。

（2）BUF[1]、BUF[3]、BUF[5]中存放的分别为 x、y、z 轴方向上加速度的高位数据，将高位数据左移 8 位后和低位数据相加便得到 16 位补码格式数据。

（3）通过函数 signedIntToFloat()将 16 位补码数据转化为十进制浮点数。

（4）将十进制浮点数表示的三个轴方向上的加速度带入倾角计算公式，输出基于坐标系 x、y、z 轴的三个倾角。

8.4.3　ADXL345 芯片的编程

ADXL345 芯片的编程是以嵌入式开发板为主机，ADXL345 芯片为从机进行的，本节用两个程序来展示 SPI 总线的通信过程。

1．ADXL345 芯片寄存器的读取

第一个程序是读取 ADXL345 芯片的寄存器，寄存器的地址分别是 0x00 和 0x01，地址 0x00 存放的是 ADXL345 芯片的 ID，为固定值 11100101，即 0xE5；地址 0x01 存放的是任意值。本程序保存在 ch8.2spi_ADXL345readREG.c 文件中，程序实现的功能是：通过 GPIO 接口模拟 SPI 总线，选择通信模式 3，即 CPOL 和 CPHA 均为 1；对 ADXL345 芯片进行数据读写操作，向地址 0x00 的寄存器写入一个随机数（如 0x55），读取 ADXL345 芯片的 ID（ID 为 0xE5）；使用逻辑分析仪来测试读写数据时的波形。

（1）代码实现如下：

```
#include "../includeAll.h"
int main(void)
{
    unsigned char cID = 0;
    SPI_Init(3);                           //①
    cID=adxl345_RegRead(0x00);             //②
    printf("chip ID=0x%x\n", cID);
    adxl345_RegRead(0x01);                 //③
    return 0;
}
```

（2）程序分析。首先通过 GPIO 接口来模拟 SPI 总线并进行初始化，选择通信模式 3，见上述代码中的注释①；其次读取地址 0x00 的寄存器中的数据，并将读取结果存放在变量 cID 中，见上述代码中的注释②；最后读取地址 0x01 的寄存器中的数据，见上述代码中的注释③。

（3）嵌入式开发板和 ADXL345 芯片的连线方法说明如表 8.12 所示。

表 8.12　嵌入式开发板和 ADXL345 芯片的连线方法说明

嵌入式开发板核心板的输出接口	外 设 接 口	功　　能
P1-C01(SCK)	P4-SCK	时钟信号
P1-C03(MOSI)	P4-MOSI	主机输出

续表

嵌入式开发板核心板的输出接口	外 设 接 口	功　　能
P1-C00(MISO)	P4-MISO	从机输出
P1-C02($\overline{\text{CS}}$)	P4-CS	片选信号

（4）编译运行。通过编写好的 Makefile 文件，直接执行 make 命令来编译程序，命令如下：

```
root@LicheePi:/home/ch8.2spi_ADXL345readREG# make
root@LicheePi:/home/ch8.2spi_ADXL345readREG# ./spi_ADXL345readREG
```

（5）运行结果为：

```
chip ID=0xe5
```

逻辑分析软件显示的波形如图 8.18 所示。第 1 个波形是 CS 信号；第 2 个波形是 SCK 时钟信号；第 3 个波形是 MOSI 信号，嵌入式开发板向 ADXL345 信号发送了 0x80、0x55、0x81 和 0x55，其中 0x80 和 0x81 是读寄存器地址，0x55 是发送的任意数据；第 4 个波形是 MISO 信号，ADXL345 芯片向嵌入式开发板返回了数据 0x00、0xE5、0xE5 和 0x00。需要注意的是，在返回的数据中，第 1 个和第 3 个是没有意义的，只有主机发送正确的读寄存器指令后，返回的数据才有意义。

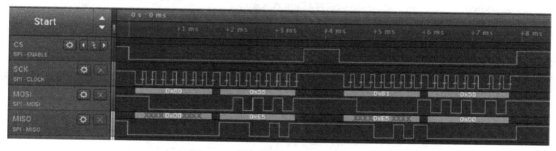

图 8.18　逻辑分析软件显示的波形

2. ADXL345 芯片加速度读取

本程序通过 SPI 总线读取 ADXL345 芯片采集到的三轴加速度数据，并计算三个轴方向上加速度和倾角，本程序保存在 ch8.3spi_ADXL345readMagAndAngle.c 文件中。

（1）代码实现如下：

```
#include "../includeAll.h"
int main(void)
{
    ADXL345XYZDATA adxl345xyzData;              //①
    adxl345_init(3);                            //②
    while (1)
    {
        adxl345_readXYZdata(&adxl345xyzData);    //③
        printf(" XYZ data：\n");
        printf("x=%f,y=%f,z=%f,\n", adxl345xyzData.fXdata, adxl345xyzData.fYdata,
```

```
                                                    adxl345xyzData.fZdata);
            printf(" angle of tilt data: \n");
            printf("x=%f,y=%f,z=%f,\n", adxl345xyzData.Angel_x, adxl345xyzData.Angel_y,
                                                    adxl345xyzData.Angel_z);
            sleep(1);
        }
        return 0;
    }
```

（2）程序分析。首先声明一个结构体变量，该变量用于保存 ADXL345 芯片采集到的三轴加速度数据，结构体 ADXL345XYZDATA 的定义在 driver_adxl345.h 文件，使用结构体可以提高代码可读性和效率，见上述代码中的注释①；其次对 ADXL345 芯片进行初始化，选择通信模式 3，数据右对齐，分辨率为 13 位，量程为±16g，数据输出的频率为 100 Hz，见上述代码中的注释②；最后调用 adxl345_readXYZdata 函数来读取三轴加速度数据和倾角数据，该函数的参数为结构体变量 adxl345xyzData，见上述代码中的注释③。

（3）嵌入式开发板和 ADXL345 芯片的连线方法请参照第 1 个程序。

（4）编译运行。通过编写好的 Makefile 文件，直接执行 make 命令来编译程序，命令如下：

root@LicheePi:/home/ch8.3spi_ADXL345readMagAndAngle# make
root@LicheePi:/home/ch8.3spi_ADXL345readMagAndAngle# ./spi_ADXL345readMagAndAngle

（5）运行结果如下：

① 当水平放置嵌入式开发板时，程序的运行结果如下：

```
XYZ data:
x=0.046800,y=0.031200,z=0.990600,
angle of tilt data:
x=2.703537,y=1.801987,z=3.249784,
```

其中，"XYZ data"输出的分别是 x、y、z 轴方向上的加速度数据，单位为标准重力加速度 g；"angel of tilt data"输出的分别是 x、y、z 轴与水平线的夹角数据，单位为度°。由于嵌入式开发板是水平放置的，因此在允许的误差范围内（嵌入式开发板放置的位置并不是绝对水平的），x 轴方向上的加速度和 y 轴方向上的加速度近似为 0，倾角也近似为 0°，z 轴方向的加速度约等于 1 个重力加速度 g，方向为竖直向下，倾角约为 0°。

② 当嵌入式开发板沿 ADXL345 芯片的 y 轴竖直向下放置时，程序的运行结果如下：

```
XYZ data:
x=0.039000,y=1.064700,z=0.039000,
angle of tilt data:
x=2.096404,y=87.034575,z=87.903596,
```

在允许的误差范围内，x 轴方向上的加速度和 z 轴方向上的加速度近似为 0，y 轴方向上的加速度约等于 1 个重力加速度 g；x 轴的倾角约为 0°，y 轴和 z 轴的倾角约为 90°。

③ 当嵌入式开发板沿 ADXL345 芯片的 x 轴竖直向下放置时，程序的运行结果如下：

```
XYZ data:
x=1.056900,y=0.000000,z=0.015600,
```

angle of tilt data:
x=89.154367,y=0.000000,z=89.154367,

在允许的误差范围内，y 轴方向上的加速度和 z 轴方向上的加速度近似为 0，x 轴方向上的加速度约等于 1 个重力加速度 g；y 轴的倾角约为 0°，x 轴和 z 轴的倾角约为 90°。

8.5　UART、I2C 和 SPI 的对比

第 6 章和第 7 章分别介绍了 UART 接口和 I2C 总线，本章节介绍了 SPI 总线协议，这三种串行通信接口的对比如表 8.13 所示。

表 8.13　常见的串行通信接口对比

串行通信接口	引脚说明	通信方式	通信方向	通信距离	传输速率
UART	TXD 为发送方, RXD 为接收方	异步通信	全双工	中等	9600～921600 bps
I2C 总线	SCL 为同步时钟, SDA 为数据输入/输出	同步通信	半双工	近	100 kbps～1 Mbps
SPI 总线	$\overline{\text{CS}}$ 为片选信号, SCK 为同步时钟, MISO 为主入从出, MOSI 为主出从入	同步通信	全双工	近	1～10 Mbps

和 SPI 总线、I2C 总线不同，UART 接口属于异步通信，一般来说传输速率比较慢，通常为 9600～115200 bps，现在大部分 UART 的传输速率也能达到 921600 bps。UART 接口是目前最常用的调试接口。

I2C 总线和 SPI 总线属于同步通信，具有时钟信号，在一条总线上可以支持多个从机，I2C 总线是通过地址来区分从机的，SPI 总线是通过片选信号线来区分从机的。在 SPI 总线中，每增加一个从机，就要增加一条片选信号线；在 I2C 总线中，只要地址不冲突，就可以支持多个从机。但 I2C 总线的传输速率普遍慢于 SPI 总线，I2C 总线的传输速率通常是 100kbs、400kbps 和 1 Mbps，而 SPI 总线的传输速率通常是 1～10 Mbps。I2C 总线适合低速场合，SPI 总线适合高速场合。另外，I2C 总线的引脚都是开漏输出的，必须外接上拉电阻，阻值可以根据传输速率来计算，当传输速率为 400 kbps 时，上拉电阻的阻值可选用 2.2 kΩ。

练习题 8

8.1　SPI 总线是全双工通信还是半双工通信？主要用途是什么？

8.2　SPI 总线一般需要用到几条传输线？它们的名称和作用分别是什么？

8.3　简述 SPI 总线的特点。

8.4　SPI 总线中没有设备地址，主机是通过什么方式来选择从机的？

8.5　SPI 总线的通信模式有什么作用？通信模式是由哪两个参数决定的？

8.6　若主机通过 SPI 总线与从机通信，则 SPI 总线的通信模式应如何确定？

8.7　SPI 总线的接口函数 SPI_mode3_RWByte 有什么功能？其参数和返回值分别是什么？

8.8　简述 UART 接口、SPI 总线和 I2C 总线的异同。

8.9　ADXL345 芯片是如何与 4 线 SPI 连接的？SPI 总线应选择哪种通信模式？

8.10　简述通过 SPI 总线向 ADXL345 芯片写数据的过程。

8.11　简述通过 SPI 总线从 ADXL345 芯片读数据的过程。

8.12　如何对 ADXL345 芯片进行初始化设置？

8.13　若要读取 ADXL345 芯片采集的加速度数据，则应读取哪几个寄存器的数据？

第9章
嵌入式系统的综合设计

9.1 嵌入式系统开发流程

前面的章节介绍了嵌入式系统的基础知识和各种接口的编程，这些接口的使用往往是针对单一用途的。但在开发一个嵌入式的产品时，开发者会面对更加复杂的问题。例如，多个外设的协同工作、上位机与下位机的通信等。本章通过一个具体的嵌入式系统开发案例——基于 RS-485 的分布温湿度监控和报警系统，来介绍嵌入式系统的开发过程，加深读者对于嵌入式系统开发的理解。

在工业控制领域中，往往会使用嵌入式系统作为核心控制模块。相比于单片机系统，嵌入式系统可用于多任务并行处理，使用更加灵活，能满足不同场合的需求。开发产品时需要遵从一定的开发流程，嵌入式系统的开发也是如此。产品的开发流程如下：

1. 总体论证

总体论证是对产品进行的可行性分析，首先应确定要解决什么问题，以及需要达到哪些性能指标，据此总结出设计规格说明书。产品需求可分为功能性需求和非功能性需求两部分。功能性需求是产品的基本功能，如输入/输出、交互方式、显示等，这些需求可以很直观地感受到。非功能需求包括产品的性能、成本、功耗等，同时还需要对比国内外相似的产品，总结市面上现有产品的优缺点。

2. 总体设计

总体设计要考虑两个方面，一是将产品划分成多个模块，二是考虑模块之间如何协同运行。通过将产品分成若干个模块，并行开发每个模块，可以提高产品的开发效率，增强产品的鲁棒性。针对每个模块，不仅需要分别考虑该模块需要实现的功能、实现的手段等，如选择何种驱动芯片、机械结构、电子元件等；还要考虑模块之间的协同运行。

3. 软硬件开发

在选定实现方法后，可进行软硬件开发。在软硬件开发中，需要实现每个模块的具体功能，并实现模块之间的协同运行。在这一阶段，产品的整体设计已经基本完成，功能性需求也基本完成了。

本书前面章节中的实例类似于一个独立模块，同时使用了硬件和软件。除此之外，产品的开发往往会使用上位机，上位机部分的开发通常是纯软件开发，一般采用面向对象技术、软件组件技术等。

4．调试与测试

在进行调试与测试时，首先需要协同所有模块之间的工作，实现完整的产品功能；其次需要对产品进行各种测试，寻找可能出现的错误。调试与测试要求开发者具有丰富的经验，因为可能的错误往往是流程之外的错误，需要开发者根据自身的经验来寻找这些错误。

9.2 基于 RS-485 的分布式温湿度监控和报警系统

9.2.1 项目论证和需求

温湿度监控和报警系统的应用相当广泛，如农作物的大棚、食物的发酵环境、工业生产环境、医疗环境、家庭环境等。在某些情况下，需要监控的范围非常大、地理位置结构异常复杂或者监控的环境有危险性，不适合人员去实地检测温湿度。在这些情况下，分布式温湿度监控和报警系统就展现出了优势，该系统将独立的子节点放置在多个不同的位置，通过一定的通信方式将子节点检测到的温湿度信息上传到上位机，管理者可以做到足不出户就监控大片区域的温湿度情况。

根据上述描述，分布式温湿度监控和报警系统的需求包括：①独立监控每个位置（子节点）的温湿度信息；②每个子节点均有独立的温湿度阈值和报警设备；③所有子节点的温湿度数据通过总线形式上传到上位机；④可以方便地添加新的子节点；⑤上位机可以及时获取每个子节点的报警。

9.2.2 系统的总体设计

本系统的总体设计目标是实现分布式温湿度监控和报警系统，下位机（子节点）分布在不同的位置，可以独立地采集当前位置的温湿度信息，并且包含一套报警器、OLED 显示屏、RS-485 模块和机械按键。上位机是数据收集中心，用于收集下位机采集的温湿度信息，并显示在界面之中。上位机和下位机之间采用总线的方式进行通信，上位机主动发送查询命令，下位机回复查询结果。

上位机下位机之间的通信有多种选择，如 UART、I2C 总线、SPI 总线、蓝牙、Wi-Fi 或者 RS-485 等。在选择通信方式时，需要考虑以下情况：

（1）传输距离。分布式温湿度监控和报警系统的监控范围比较大，可能达到几百米甚至上千米，因此需要采用适合远距离传输的通信方式。

（2）电磁干扰。如果实际的环境存在严重的电磁干扰，则需要考虑如何保证较高的传输准确率。

（3）成本和功耗。

根据前面章节的介绍，RS-485 串口通信使用差分信号，传输距离可达 1 km 以上，传输线使用双绞线，对于共模干扰有很强的抑制能力。因此分布式温湿度监控和报警系统采用 RS-485 串口通信。

在确定了通信方式后，还需要考虑协议层面的问题。RS-485 串口通信属于一种半双工通信，在同一时间内，数据只能单向传输。RS-485 串口通信属于 UART 的一种，UART 最初是针对一对一单点通信而设计的，但本系统需要一对多的通信方式。为了能让 RS-485 串口通信在半双工的模式下支持一对多的通信方式，在设计通信协议时参考了 I2C 总线的通信协议，添加寻址字节，每个寻址字节都对应一个下位机的 ID。实现方法如下：上位机发送一个数据包，此时每个下位机都会读取该数据包，并通过数据包中的 ID 来判断该数据包是否发给自己，如果是，则根据命令码回复对应的数据；如果不是则忽视该数据包。

每个下位机的 OLED 显示屏都会显示本机的 ID、当前的温湿度数据。当温湿度数据超过阈值时，下位机通过 LED 和蜂鸣器报警。当上位机查询下位机的状况时，下位机会将温湿度数据和报警信息发送给上位机。每个下位机有自己的 ID 和阈值，保存在 E2PROM 中。分布式温湿度监控和报警系统的总体设计结构如图 9.1 所示。

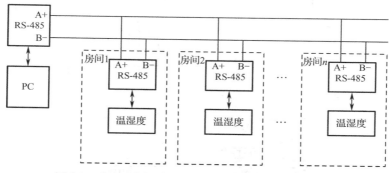

图 9.1　分布式温湿度监控和报警系统的总体设计结构

9.2.3　系统硬件的设计

分布式温湿度监控和报警系统使用的是 DHT11 型温湿度传感器，该传感器可以同时测量温度与湿度，其关键参数如表 9.1 所示。

表 9.1　DHT11 型温湿度传感器的关键参数

型　　号	温 度 范 围	湿 度 范 围	响 应 时 间	封　　装	供 电 电 压
DHT11	0±2℃～50±2℃	20±4%RH～90±4%RH	10 s	4 针单排直插	3～5.5 V

由表 9.1 可知，DHT11 型温湿度传感器的温度测量范围较小。如果需要监控更大范围的温度，可以选择 DS1820 型温度传感器，该传感器的关键参数如表 9.2 所示。

表 9.2　DS1820 型温度传感器的关键参数

型　　号	温 度 范 围	响 应 时 间	封　　装	供 电 电 压
DS1820	−5±0.5℃5～125±0.5℃	1 s	3 针单排直插	2.8～5.5 V

此外，本系统使用的其他硬件还包括 AT24C02 型 E2PROM、MAX485 型 USB 转串口芯片、LED、蜂鸣器、按键和 OLED 显示屏，如表 9.3 所示。

表 9.3　其他硬件清单

器　件	型　号	功　能
E2PROM	AT24C02	存储下位机 ID 和温湿度阈值
RS-485 模块	MAX485	实现 RS-485 和 TTL 之间的电平转换
LED	—	温湿度超过阈值闪烁报警
蜂鸣器	—	温湿度超过阈值发声报警
OLED 显示屏	—	显示阈值、本机 ID 和当前温湿度
按键	—	按键 0 用于重置报警，按键 1 用于设置本机 ID

分布式温湿度监控和报警系统的硬件连接如图 9.2 所示。

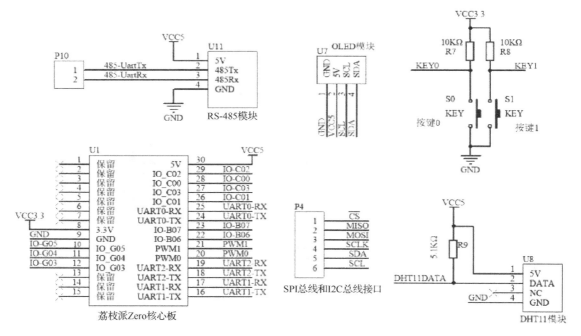

图 9.2　分布式温湿度监控和报警系统的硬件连接

9.2.4　系统通信协议的设计

在分布式温湿度监控和报警系统中，使用一个上位机和多个下位机，下位机共用一组差分传输线，这组传输路线被称为总线。总线方式类似于 I2C 总线的多从机配置，不同的是 I2C 总线是一种同步通信协议，需要主机发送时钟信号来同步从机，而 RS-485 串口采用的是异步通信协议，传输速率需要事先约定，这也就决定了 RS-485 串口通信适合对传输速率要求不高的场合。

在 I2C 总线中，多个从机共用总线，不同从机有不同的寻址字节。例如，AT24C02 芯片的寻址字节为 1010，SSD1306 芯片的寻址字节为 0111。在发送数据前，需要先发送目标从机的寻址字节。

分布式温湿度监控和报警系统通信协议的数据包结构如表 9.4 所示。

表 9.4　分布式温湿度监控和报警系统通信协议的数据包结构

包　头	数据包长度	ID	命　令　码	数据内容	校　验　位	包　尾
0x55	ID+命令代码+数据内容的总长度	ID 为 0x01～0xC8 表示下位机的 ID，ID 为 0xFF 表示广播模式	上位机→下位机：0x01～0x04 下位机→上位机：0x11～0x14	根据命令码填写	用于校验数据	0xAA

一个完整的通信协议数据包由包头、数据包长度、ID、命令码、数据内容、校验位、包尾组成，除了数据内容不固定，其他部分均占 1 B。包头为 0x55，表示数据包的开始；数据包长度是不固定的，用 1 B 来表示数据包的长度；ID 对应具体的下位机，其含义见表 9.5；命令码共 8 种，见表 9.6；数据内容是根据命令码填写的，长度不固定，见表 9.6；校验位占 1 B；包尾为 0xAA，占 1 B。

表 9.5　ID 的含义

上位机→下位机	ID 表示该数据是发送给哪个下位机的；当 ID 为 0xFF 时，用于为下位机设置新的 ID
下位机→上位机	ID 表示下位机自身的 ID

在上位机发送给下位机的数据包中，ID 用来通知下位机，每个下位机在初始化时被分配一个独立的 ID，当下位机接收到上位机发送的数据包后，会解析数据包的 ID，如果和自己的 ID 相符，则表示该数据包是发送给自己的；如果不相符，则忽略该数据包。当 ID 为 0xFF 时，表示该 ID 不代表任何一个下位机，而是用来为下位机设置新 ID 的。由于通信协议采用一问一答的模式，所有的上位机命令均需要下位机应答，下位机的应答数据包也有 ID，该 ID 是下位机 ID，由此上位机可以判断应答数据包的来源。

表 9.6　命令码和数据内容

通信方向	命令码	含　义	数据内容	长　度
上位机→下位机	0x01	写 ID	新的 ID	1B
	0x02	写温湿度阈值	温度上限+温度下限+湿度上限+湿度下限	4B
	0x03	请求下位机发送阈值	无内容	0B
	0x04	请求下位机发送实时数据	无内容	0B
下位机→上位机	0x11	应答写 ID 成功	无内容	0B
	0x12	应答写温湿度阈值成功	无内容	0B
	0x13	发送温湿度阈值给上位机	温度上限+温度下限+湿度上限+湿度下限	4B
	0x14	发送实时数据给上位机	温度+湿度	2B

命令码可分为两大类，分别是上位机发送给下位机的命令码，以及下位机发送给上位机的命令码，通信协议采用的是一问一答模式，所以命令码是以组合形式出现的。命令码和数据内容也是对应的。第 1 组命令码是 0x01 和 0x11，0x01 用于为下位机分配一个新的 ID，其数据内容是新的 ID，设置好新 ID 的下位机将返回命令码 0x11。第 2 组命令码是 0x02 和 0x12，0x02 用于向下位机写入温湿度阈值，数据内容分别是温湿度的上下限，下位机返回的命令码是 0x12，表示写温湿度阈值成功。第 3 组命令码是 0x03 和 0x13，0x03 用于请求指定下位机返回其温湿度阈值，返回的命令码是 0x13，其内容是该下位机的温湿度阈值。在分布式温湿度监控中，由于每个下位所处的位置和环境不一定相同，所需要监控的温湿度阈值范围也是不同的，上位机必须能独立地设置和读取不同下位机的温湿度阈值。第 4 组命令码是 0x04 和 0x14，0x04 用于请求下位机发送实时数据，下位机返回的命令码是 0x14，该命令码的数据内容是温湿度。

9.2.5　系统软件的设计

分布式温湿度监控和报警系统的软件可分为上位机软件和下位机软件，上位机软件是基于 PC 开发的，下位机软件是基于嵌入式系统开发的。

1．上位机软件的设计

上位机软件使用 Visual Studio 2019 进行开发，使用 MFC 作为应用程序框架。上位机软件的功能包括：查询下位机的温湿度信息、显示所有监控区域的当前温湿度、设置下位机 ID、设置下位机的温湿度阈值。上位机软件的主界面如图 9.3 所示。

图 9.3　上位机软件的主界面

上位机软件的主界面由多个监控区域组成，每个监控区域对应一个下位机，监控区域内显示的是对应下位机的相关信息，包括 ID、当前的温湿度、温湿度阈值。上位机软件的主界面下方有两个按钮，分别对应设置新 ID 和设置阈值这两个功能。设置新 ID 和设置新阈值界面如图 9.4 所示。

在下位机开机时长按设置按键，可进入设置下位机新 ID 的状态，以应答上位机发送的 ID

为 0xFF 的命令；在图 9.4（a）所示的界面中输入需要设置的新 ID 后单击"设定"按钮即可将新 ID 发送给下位机。在图 9.4（b）所示的界面中，输入需要设计温湿度阈值的下位机 ID 后，再分别输入温湿度的上下限，单击"设定"按钮即可将输入的温湿度阈值发送给对应的下位机。在成功设置新 ID 和温湿度阈值后，上位机会收到下位机发送的应答数据包并弹窗提示。

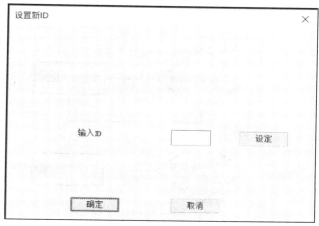

（a）设置新 ID 界面

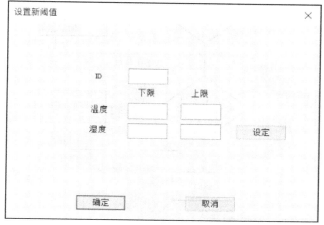

（b）设置新阈值界面

图 9.4　设置新 ID 和设置新阈值界面

2. 下位机软件的设计

下位机软件的主要功能是：开机设定 ID、定期收集温湿度信息、通过 OLED 显示屏显示相关的温湿度信息、判断温湿度阈值并决定是否报警、接收上位机发送的数据包并返回应答数据包等。下位机软件的流程如图 9.5 所示。

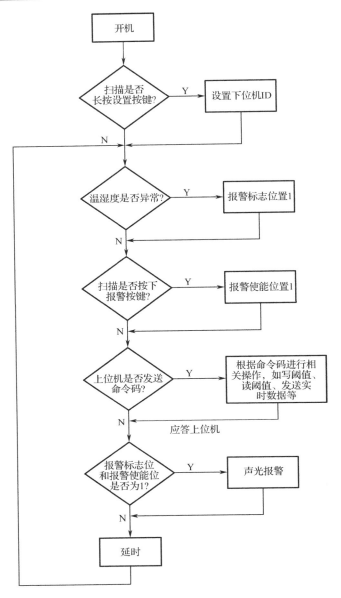

图 9.5　下位机软件的流程

下位机软件中负责流程控制的关键代码如下所示：

```
int main(void)
{
    //初始化下位机
    int j;
    int temp;
    int cWarningState = 0, cWarringKeyEnable = 1;
    int key;
    THData thdata;
```

```
thdata.nSetID_Flag = 0;
Thresold_Init(&thdata);           //初始化并读取下位机的 ID，设置温湿度阈值
fdUart2 = open(pathUart2, O_RDWR | O_NOCTTY | O_NDELAY);
driver_TemAndHum_init(fdUart2);
GPIO_Init();
GPIO_ConfigPinMode(PortLED1, PinLED1, OUT);
GPIO_ConfigPinMode(PortBEEP, PinBEEP, OUT);
GPIO_ConfigPinMode(PortKEY, KEY_ID, IN);
GPIO_ConfigPinMode(PortKEY, KEY_warring, IN);
//在下位机开机时长按设置按键，进入设置下位机 ID 状态
key = GPIO_GetPin(PortKEY, KEY_ID);                        // （1）
if (key == 0)
{
    OLED_Display_WriteID();
    thdata.nSetID_Flag = 1;
    while (1)
    {
        if (Read_From_Master(&thdata) == 0)
        {
            if (thdata.nCode == CmdCode_Change_ID)
            {
                //将 ID 保存到 E2PROM
                Write_To_Master(&thdata);    //如果是发送给本机的数据包，则应答上位机
                break;
            }
        }
    }
    thdata.nSetID_Flag = 0;
}
while (1)
{
    key = GPIO_GetPin(PortKEY, KEY_ID);                     // （2）
    if (key == 0)
    {
        cWarringKeyEnable = 0;
    }
    temp = Read_data(&temperature, &humidity);        //读取温湿度信息
    if (temp == 1)
    {
        printf("read temperature and humidity error!\n");
    }
    else
    {
        printf("read temperature and humidity is: %2.1f,%2.1f\n", (float)temperature / 10.0,
                                                 (float)humidity / 10.0);
        //通过 OLED 显示屏显示温湿度信息
    }
```

```
        //超过阈值则报警，通过报警按键可结束报警
        if ((temperature > thdata.TemperatureUp) || (temperature < thdata.TemperatureDown) || (humidity >
                        thdata.HumidityUp) || (humidity < thdata.HumidityDown))
        {
            cWarningState = 1;                                    // （3）
        }
        if (cWarningState != 0)
        {
            if (cWarringKeyEnable != 0)
            {
                LedBeepWarring();                                // （4）
                printf("warring!!\n");
            }
            else
            {
                //关闭声光报警的代码
                cWarringKeyEnable = 0;
            }
        }
        //监听串口
        if (Read_From_Master(&thdata) == 0)
        {
            Write_To_Master(&thdata);          //如果是发送给本机的数据包，则应答上位机
        }
        //通过 OLED 显示屏显示报警信息
        OLED_Display();
        sleep(5);
    }
    close(fdUart2);
    return 0;
}
```

上述代码中的注释如下：

（1）如果需要为下位机设置新 ID，在下位机开机时长按设置按键，可进入设置下位机 ID 状态，等待上位机发送数据包。

（2）按下报警按键后，会将报警使能位清 0，此时系统无法报警。

（3）当温湿度超过阈值时将报警使能位置 1。

（4）当报警标志位和报警使能位均为 1 时，可启动声光报警。

下位机中各个模块的功能函数保存在 driver_THMonitor.c 文件中，主要功能是解析上位机发送的数据包并发送应答数据包，对应的函数分别是 Read_From_Master 和 Write_To_Master。

当下位机接收到上位机发送的数据包后，需要解析数据包，相应的流程是：检测包头和包尾→检测校验位→检测是否为广播→执行数据包对应的操作。Read_From_Master 函数的说明如表 9.7 所示。

表 9.7 Read_From_Master 函数的说明

头文件	#include "driver_THMonitor.h"
函数原型	int Read_From_Master(THData *thdata);
函数说明	该函数的参数为结构体地址,其功能是下位机读取数据包后进行解析
返回值	返回值为 0 代表成功,返回值为 1 代表失败

Read_From_Master 函数的代码如下:

```c
int Read_From_Master(THData *thdata);
{
    char uart2_rx_buf[rxSize];
    int len = 0, nWriteIdEnable = 0;
    len = read(fdUart2, uart2_rx_buf, rxSize - 1);
    if (len == 0)                             // (1)
    {
        printf("receive data failed!\n");     //接收数据为空
        return 1;
    }
    if ((uart2_rx_buf[0] != 0x55) || (uart2_rx_buf[len - 1] != 0xAA))  // (2)
    {
        printf("start or end data error!\n"); //包头或包尾错误
        return 1;
    }
    if (Read_check_SUM())                     // (3)
    {
        printf("check SUM error!\n");         //校验位错误
        return 1;
    }
    if ((uart2_rx_buf[2] == 0xFF) && (nSetID_Flag == 1))      // (4)
    {
        nWriteIdEnable = 1;
    }
    else if (uart2_rx_buf[2] != thdata->cID)
    {
        return 1;
    }
    thdata->nCode = uart2_rx_buf[3];
    switch (thdata->nCode)                    // (5)
    {
    case CmdCode_Change_ID:
        if (nWriteIdEnable = 1)
        {
            thdata->cID = uart2_rx_buf[4];
            /* code */
        }
```

```
            break;                              //写入新 ID
    case CmdCode_Write_threshold:
            thdata->TemperatureUp = uart2_rx_buf[4];
            thdata->TemperatureDown = uart2_rx_buf[5];
            thdata->HumidityUp = uart2_rx_buf[6];
            thdata->HumidityDown = uart2_rx_buf[7];
            break;                              //写入温湿度阈值
    case CmdCode_Read_threshold:
            break;                              //发送温湿度阈值
    case CmdCode_Read_data:
            break;                              //发送温湿度信息
    default:
            break;
    }
    return 0;
}
```

上述代码中的注释如下：

（1）判断是否接收到上位机发送的数据包。

（2）判断数据包的包头和包尾是否正确。

（3）检测校验位，判断数据包是否正确。

（4）判断是否设置新 ID 的命令，以及下位机是否处于设置 ID 状态。

（5）读取命令码，并执行对应的操作。

当下位机需要发送应答数据包时，可通过函数 Write_To_Master 来实现，该函数的说明如表 9.8 所示。

表 9.8　Write_To_Master 函数的说明

头文件	#include "driver_THMonitor.h"
函数原型	int Write_To_Master (THData *thdata);
函数说明	该函数的参数为结构体地址，其功能是向上位机发送应答数据包
返回值	返回值为 0 代表成功，返回值为 1 代表失败

下位机发送应答数据包的流程是：填写包头→填写下位机 ID→填写命令码→填写内容→补充长度→填写校验位→填写包尾。Read_From_Master 函数的代码如下：

```
int Write_To_Master(THData *thdata);
{
    char *ip;                               //用指针来写数据包
    char uart2_tx_buf[txSize];
    int i, len = 0;
    ip = &uart2_tx_buf[4];
    uart2_tx_buf[0] = 0x55;                 //写入包头，0x55
    uart2_tx_buf[2] = thdata->cID;          //写入下位机 ID
    uart2_tx_buf[3] = (thdata->nCode) | 0x10;   //写入应答命令码
    switch (thdata->nCode)                  //根据应答命令码填写数据内容
```

```
    {
    case Change_ID:
        uart2_tx_buf[1] = 0x06;
        /* code */
        break;                                  //无返回数据
    case Write_threshold:
        uart2_tx_buf[1] = 0x06;
        break;                                  //无返回数据
    case Read_threshold:
        uart2_tx_buf[1] = 0x0A;
        *ip = thdata->TemperatureUp;
        ip++;
        *ip = thdata->TemperatureDown;
        ip++;
        *ip = thdata->HumidityUp;
        ip++;
        *ip = thdata->HumidityDown;
        ip++;
        break;                                  //返回温湿度阈值
    case Read_data:
        uart2_tx_buf[1] = 0x08;
        *ip = thdata->temperature;
        ip++;
        *ip = thdata->humidity;
        ip++  ;   break;                        //返回温湿度信息
    default:
        break;
    }
    *ip = Write_check_SUM();                     //计算校验位并写入数据包
    ip++;
    *ip = 0xAA;                                  //写入包尾，0xAA
    length = ip - uart2_tx_buf;
    len = write(fdUart2, uart2_tx_buf, length);  //将应答数据包发送到上位机
    if (len == length)
    {
        printf("uart2 send data:");
        for (i = 0; i < len; i++)
        {
            printf(" 0x%02x", uart2_tx_buf[i]);
        }
        printf("\n");
        return 0;
    }
    else
        printf("send data failed!\n");
}
```

9.2.6 系统的测试和调试

上位机通过如图 9.6 所示的 USB 转 485 模块与 RS-485 串口相连,该模块的左侧连接上位机的 USB 接口,右侧与 RS-485 串口相连。

图 9.6 USB 转 485 模块

下位机的硬件系统连线如图 9.7 所示,下位机中的外设包括 DHT11 型温湿度传感器、蜂鸣器、OLED,以及 UART 转 485 模块等。其中,UART 转 485 模块的 A 接口和 B 接口分别与 USB 转 485 模块的 A 接口和 B 接口连接。

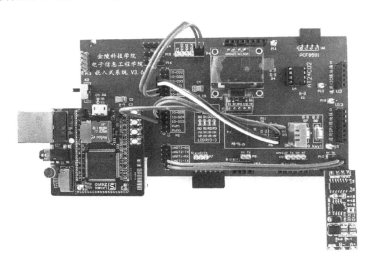

图 9.7 下位机的硬件系统连线

当上位机需要向下位机写入 ID 时,可在下位机开机时长按设置按键,这时会进入设置下位机 ID 的状态,并在 OLED 显示屏上显示"Write ID",如图 9.8 所示,表明下位机处于等待上位机发送数据包的状态。

在上位机软件的主界面中单击"设置新 ID"按钮,可进入如图 9.4(a)所示的界面,在该界面中输入新 ID 后单击"设定"按钮,可将上位机发送的数据包传输给相应的下位机。下位机接收到该数据包后,将数据包中的 ID 保存在 E2PROM 中,单击"确定"按钮即可完成设置下位机 ID 的过程。

在正常工作的情况下,下位机中的 OLED 显示屏会显示本机 ID、当前的温湿度信息,如图 9.9 所示。

在分布式温湿度监控和报警系统的运行过程中,上位机会定期轮询所有的下位机,要求下位机返回当前温湿度信息,并会在上位机软件的主界面中显示这些信息,如图 9.10 所示。

图 9.8　OLED 显示屏显示"Write ID"　　图 9.9　在正常工作的情况下，下位机中 OLED 显示屏显示的内容

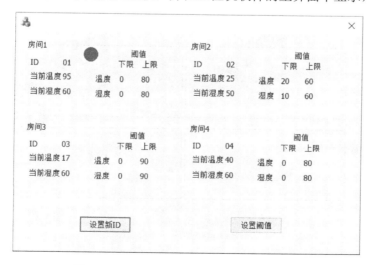

图 9.10　上位机软件主界面显示的温湿度信息

当某个下位机的温湿度超过阈值时，下位机会将报警使能位置 1，通过 LED 和蜂鸣器报警。同时，下位机会将报警信息发送到上位机，并在上位机软件的主界面中显示，如图 9.11 所示。

图 9.11　上位机软件主界面显示的报警信息

知识拓展：DHT11 芯片厂商——广州奥松

广州奥松电子有限公司（简称奥松电子）创立于 2003 年，注册资本 1462 万元，坐落在广州开发区科学城，是国内领先应用 MEMS 半导体工艺技术生产传感器芯片的高新技术企业，也是广东省 MEMS 领域集研发、设计、制造、封装测试、终端应用为一体的 MEMS 智能传感器全产业链（简称 IDM）企业。公司主营产品有温湿度传感器、水蒸气传感器、气体流量传感器、差压传感器、氧气传感器、液体流量传感器、气体传感器、风速雨量传感器等，其产品广泛应用于航空、航天、军工、交通、通信、化工、气象、医疗、农业、家电、智能制造等领域。

奥松电子是国内一流的温湿度、气体、流量等传感器的研发和制造商，通过技术创新，实现了从真空镀膜技术到磁控溅射、再到半导体工艺的发展，并打造国内先进的半导体传感器生产线。奥松电子研发技术中心配有各类实验室，配置多台步进式投影光刻机、双面光刻机、涂胶显影机、深槽蚀刻机、离子注入机、PECVD、LPCVD、氧化炉、磁控溅射机、探针台、应力测试仪、全自动 RCA 清洗机等先进的设备。产品工艺水平和品质可与世界领先产品相媲美。奥松电子产品性能可靠、测量精度高、抗干扰能力强，产品通过了国家级实验室检测认证，有效保证了产品质量。特别是湿度传感器产品，结束了我国湿度测量核心元件完全依赖进口的历史。

奥松电子坚持以"科技领先、顾客至上"的理念，长期与国内外多家科研机构、院所以及高分子材料学术界专家、教授合作，组建了一批业内资深专家、研发工程师等研发团队，公司内部设有"技术中心"，目前各类研发科技人员已超 50 人。奥松电子每年投入的研发经费占销售收入的 20% 以上，确保各研发项目有效实施开发。

奥松电子以高性价比的产品赢得了国内外广大客户的信赖与欢迎，各类智能传感器广泛应用于各个行业，客户群体涵盖惠而浦、伊莱克斯、大金、海尔、美的等一线家电品牌，部分产品远销日韩、东南亚、南亚、欧美等国家和地区。

附录 A 底板电路图

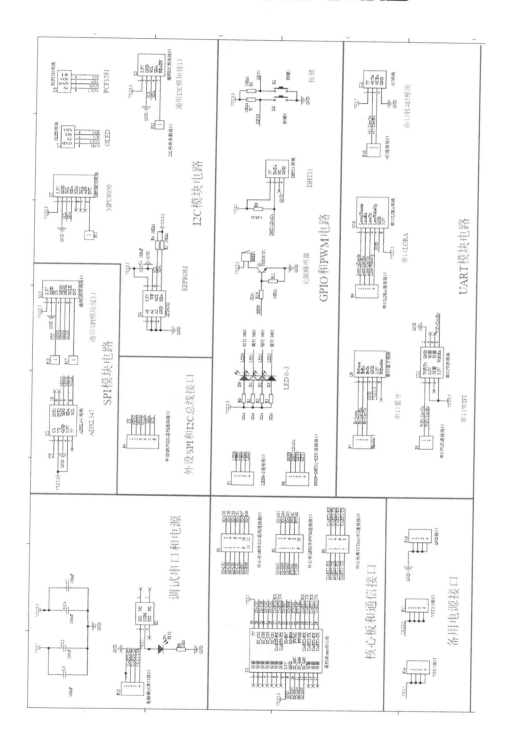

参考文献

[1] 陶松. Linux 从入门到精通[M]. 北京：人民邮电出版社，2014.

[2] 廉文娟，郭华，范延滨. ARM 嵌入式 Linux 驱动程序开发[M]. 北京：机械工业出版社，2014.

[3] 李养群，王攀，周梅. Linux 编程基础[M]. 北京：人民邮电出版社，2015.

[4] 刘龙，张云翠，申华. 嵌入式 Linux 软硬件开发详解—基于 S5PV210 处理器[M]. 北京：人民邮电出版社，2015.

[5] 宋宝华. Linux 设备驱动开发详解：基于最新的 Linux 4.0 内核[M]. 北京：机械工业出版社，2015.

[6] 郑钢. 操作系统真象还原[M]. 北京：人民邮电出版社，2016.

[7] Sreekrishnan Venkateswaran. 精通 Linux 设备驱动程序开发[M]. 宋宝华，何昭然，等译. 北京：人民邮电出版社，2016.

[8] Richard Blum, Christine Bresnahan. Linux 命令行与 shell 脚本编程大全[M]. 3 版. 门佳，武海峰，译. 北京：人民邮电出版社，2016.

[9] 刘洪涛，苗德行. 嵌入式 Linux C 语言程序设计基础教程（微课版）[M]. 北京：人民邮电出版社，2017.

[10] 刘洪涛，熊家. 嵌入式应用程序设计综合教程(微课版) [M]. 北京：人民邮电出版社，2017.

[11] 刘遄. Linux 就该这么学[M]. 北京：人民邮电出版社，2017.

[12] 何绍华，臧玮，孟学奇. Linux 操作系统[M]. 3 版. 北京：人民邮电出版社，2017.

[13] 刘火良，杨森. STM32 库开发实战指南：基于 STM32 F103 [M]. 2 版. 北京：机械工业出版社，2017.

[14] 鸟哥. 鸟哥的 LINUX 私房菜 基础学习篇[M]. 4 版. 北京：人民邮电出版社，2018.

[15] W. 理查德·史蒂文斯，史蒂芬·A. 拉戈. UNIX 环境高级编程[M]. 3 版. 戚正伟，张亚英，尤晋元，译. 北京：人民邮电出版社，2019.

[16] 梁庚，陈明，魏峰. 高质量嵌入式 Linux C 编程[M]. 2 版. 北京：电子工业出版社，2019.

[17] 张洋，刘军，严汉宇，等. 精通 STM32F4（库函数版）[M]. 2 版. 北京：北京航空航天大学出版社，2019.

[18] 龙小威. 手把手教你学 Linux[M]. 北京：中国水利水电出版社，2020.